BIAD 优秀工程设计 2012

北京市建筑设计研究院有限公司　主编

中国建筑工业出版社

编制委员会：朱小地　徐全胜　张　青　张　宇　邵韦平　齐五辉　徐宏庆　孙成群

主编：邵韦平

执行主编：郑　实　柳　澎　杨翊楠　王舒展

责任编辑：林　娜

美术编辑：张　影

编务：王晓蓉

摄影：杨超英　傅　兴　王欣斌　陈　鹤　周若谷　保锡斌　等

序

2012 年是北京市建筑设计研究院（BIAD）六十三年历史中短暂的一瞬，又是个难忘的历史节点，因为在这一年里更名为北京市建筑设计研究院有限公司。2012 年度评出的优秀工程作品将成为公司元年优秀工程列入 BIAD 史册，从而赋予了优秀作品特殊的历史含义。

一年一度优秀工程的评选，一直是 BIAD 总结过去、开拓未来的重要技术保障措施。获奖优秀工程代表了 BIAD 在本年度所具有的最高工程设计水平。为了让更多的设计同行以及行业内人士了解 BIAD 在设计主业上取得的成果、分享 BIAD 的技术经验，我们将获 2012 年优秀工程一等奖与二等奖的汇编成《BIAD 优秀工程设计 2012》正式出版，作品集收录的每一个工程都展示了 BIAD 设计师的才华、凝聚了设计团队的多年心血。所有项目均已建成并投入使用，这是与同时出版的《BIAD 优秀方案设计 2013》有很大不同的地方。

本作品集汇集的获奖项目有许多表现了极高设计水准，如昆明长水国际机场航站楼、银川火车站、西安大明宫国家遗址公园御道广场、北京建工学院大兴校区综合服务楼等。它们展示了 BIAD 作为卓越的大型设计机构所具备的优秀作品的原创能力、大型复杂项目的综合协作能力、高完成度产品的控制能力、绿色可持续建筑的设计能力、多元化板块发展的转变能力。

本作品集项目特点：一是公共建筑类型分布较平均，教育、科研、博览、体育、医疗、交通等类型均有增加，反映出 BIAD 更加广阔的设计业务领域范围；二是独立设计项目比例保持平稳、国外合作项目减少、国内合作项目增多，体现出 BIAD 在行业内主导设计项目逐渐增多，原创设计实力稳步提升；三是首次出现了城市规划与城市设计项目。

同时也应该看到不足，一些获奖工程虽然具有一定的建筑效果，但在设计完成度、机电专业配合、建筑细部处理上距行业的最高标准还有一定距离，有待于不断总结完善。BIAD 设计同仁应该瞄准行业最高水平，学习优秀作品的先进理念和技术方法，改进落后的观念，让 BIAD 更多工程进入优秀作品的行列，更好地承担起 BIAD 所具有的社会责任。

最后对所有为本次评选活动及出版发行作出贡献的同仁表示衷心的感谢。

执行总建筑师　邵韦平

目 录

昆明长水国际机场航站楼

定位为大型枢纽国际机场,规模居国内第四,预计2020年吞吐量3800万人次,全国最大单体航站楼。

航站楼是超大型建筑,功能复杂,流程便捷顺畅,设施方便。旅客流程国内国际分开、出发到达分开,中央指廊和Y形指廊国内进港采用下夹层分流,国际东指廊和国内西指廊采用平层隔离廊分流的基本布局。主流程之外,全面考虑各中转流程布局。

造型与功能、技术相融合,翘曲双坡屋顶表现云南传统建筑的神韵。沿中指廊中轴形成了连续贯通的曲线屋脊,象征着"七彩云南"。"彩带"仍是主体钢结构,沿南北向有序展开,将离港层主要功能区划分。

采用组合隔震理念——彩带形钢结构选型、曲面拟合、分析模型的建立、动力分析和结构抗震设计方法等国内尚属罕见。绿色建筑设技术策略包括:结构体系及减隔震技术优化;空陆侧错层设置,利用南低北高地势降低土方量;围护结构热工性能优化、室内外遮阳设计;水蓄冷系统设计、空调内区余热回收、中水及雨水回收利用;冷热、水、电分区分项计量。

技术指标

建设地点:昆明市官渡区二环路

用地面积:75hm²

建筑面积:548 440m²

高度:72m

设计时间:2010年5月

建成时间:2011年12月

合作设计单位: ARUP

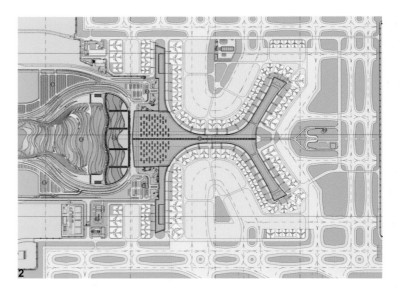

设计人

建筑:王晓群　柳澎　毛文青　李树栋　徐文　崔屹岩　田晶
　　　刘阳　金霞

结构:束伟农　王春华　祁跃　朱忠义　吴建章　耿伟　张硕

设备:韩维平　穆阳　谷现良　黄静宜　金威　赵迪　李大伟

电气:刘侃　赵小文　陈忠毓　晏安模　何一达

经济:张鸽

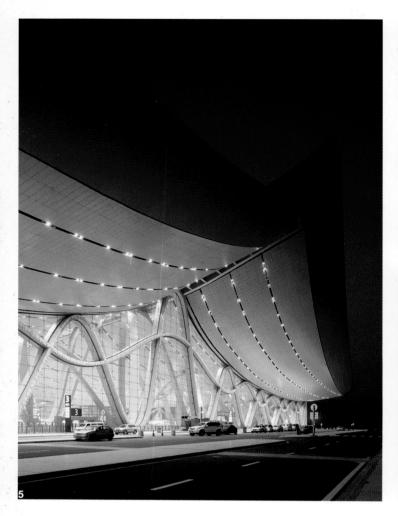

5　车道边夜景
6　值机大厅俯视
7　值机大厅夜景
8　前中心区剖面
9　纵向剖面
10　迎客大厅

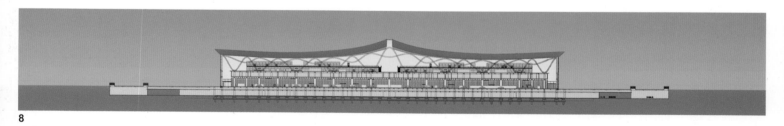

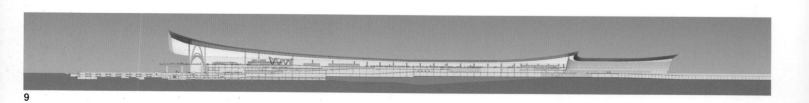

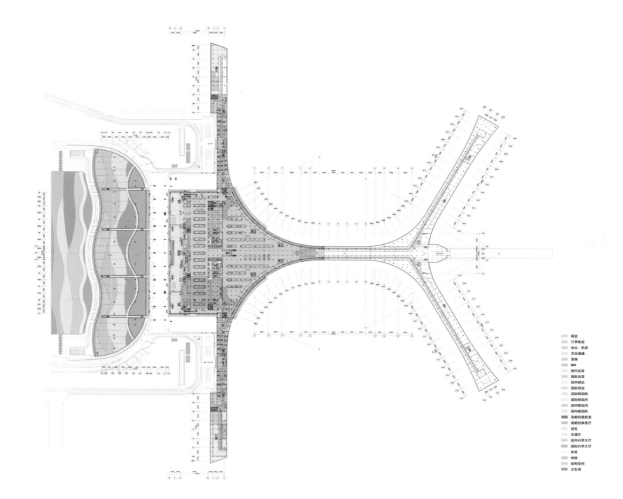

11

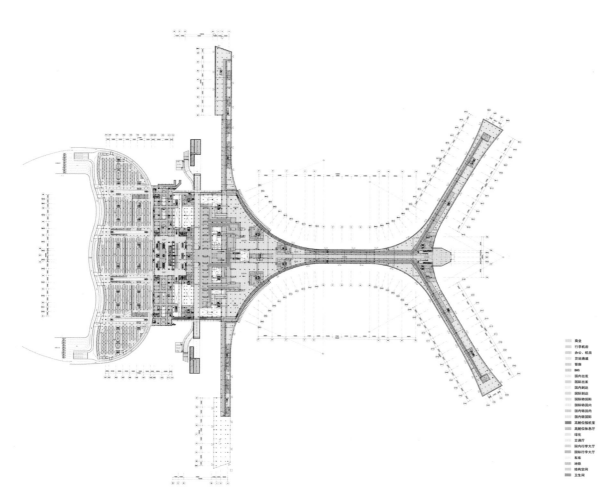

12

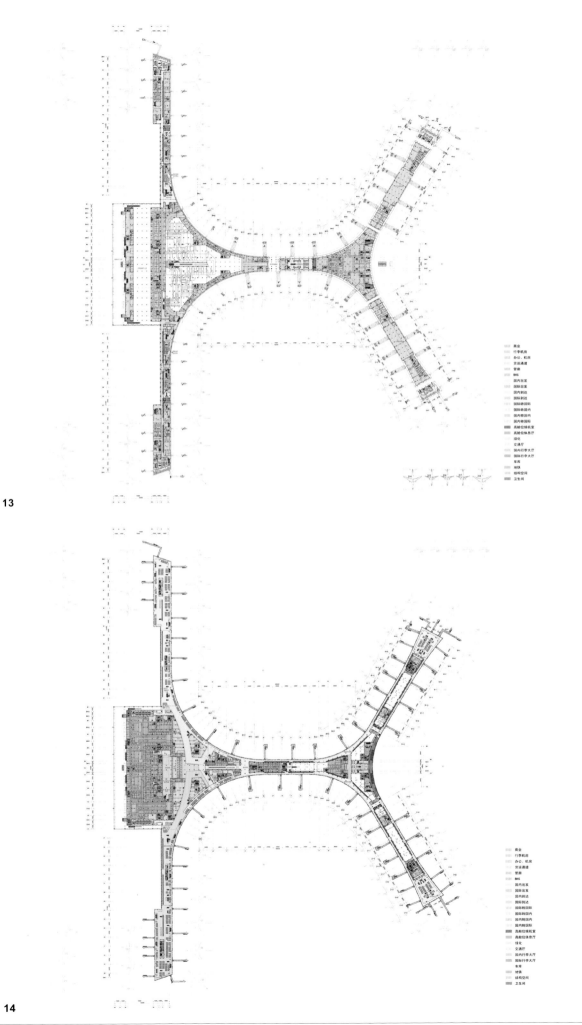

13

14

商业
行李机房
办公、机房
货运通道
管廊
BHS
国内出发
国际出发
国内到达
国际到达
国际转国际
国际转国内
国内转国内
国内转国际
高舱位候机室
高舱位休息厅
绿化
交通厅
国内行李大厅
国际行李大厅
车库
地铁
结构空间
卫生间

银川火车站

一等奖 / 铁路客运站

56m 大跨度的古老的拱券结构体系带来民族韵味,既是装饰构件又是结构支撑体。室外的尖券、圆拱构件延续到室内,圆拱上部采用清水混凝土,下部采用当地石材包裹。三维扭曲的清水混凝土拱壳形体复杂、施工难、技术要求高。

室外照明强调拱的交织感,层层递进。室内照明氛围典雅宁静。进站空间序列采用星空主题,垂直贯穿长向的拱形采光廊在天窗架底部设置光带,仿佛月光洒满室内。

以去装饰的精美结构语言表达纯粹建筑,建筑体量完整而不乏细部,高完成度设计与施工。实现了民族地域特色与现代造型、空间与功能需求、建筑与结构语言、室内与室外造型元素的完美结合。

技术指标

建设地点: 银川市

用地面积: 2.6hm²

建筑面积: 30 000m²

高度: 38m

设计时间: 2010 年 5 月

建成时间: 2011 年 6 月

设计人

建筑: 洪柏　刘晓征　宓宁　王晨　钟菲　张华

结构: 于东晖　奥晓磊　毕大勇　鲁广庆　张如杭

设备: 于永明　章涛　陈蕾　才喆

电气: 周有娣　任重　张磊　王丽蓉

经济: 刘国

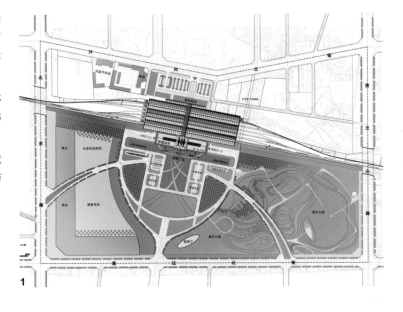

1

2

3

4

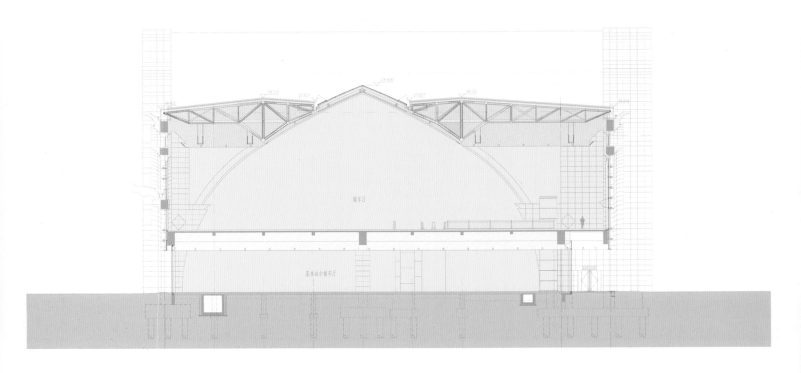

5

4　站房东立面三大拱夜景
5　剖面图
6　广厅人视
7　三大拱

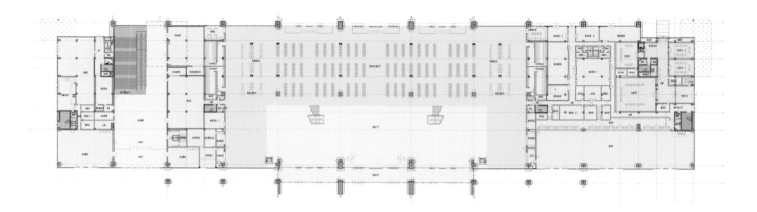

8

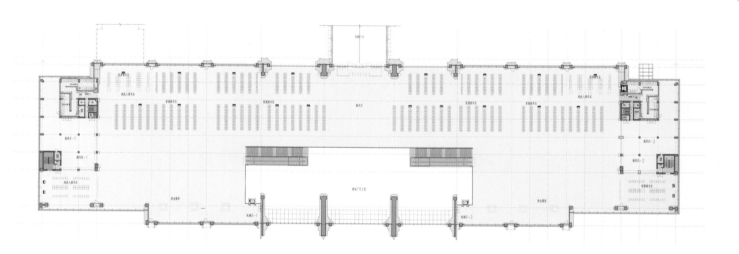

9

南京南站主站房

本项目是集铁路、长途汽车、城市轨道于一体的特大综合交通枢纽。功能分区明确，流线简洁清晰。采用高架站房建桥合一的复杂框架结构，将开水间、卫生间、楼梯间以及电气用房高度集成为单元体，多个专业形成高度集成的单元模块。无柱雨篷站台，利于大量人流的使用。

站房运用"古都新站"主题，延续传统建筑中轴序列特点。南北立面采用传统的重檐木构造型，形成了富有新意的檐下空间。承力的钢斗栱将屋面结构与南北列柱相连，建筑外观与结构受力结合。陶土幕墙斑驳肌理与红铜梅花窗相对应。候车大厅三组藻井形成三重门的序列空间。

技术指标

建设地点：南京市南部主城区和江宁开发区东山新区之间

用地面积：323hm²

建筑面积：281 021m²

高度：58m

设计时间：2011 年 4 月

建成时间：2011 年 6 月

合作设计单位：中铁第四勘察设计院集团有限公司

设计人

建筑：吴晨　焦力　文跃光　苏晨　刘伟　王亮　王舒展　杨权　王鸣鸣
　　　倪琛　胡杨

结构：李伟政　袁立朴　李志东　甘明

设备：王力刚　刘纯才

电气：杨晓太

经济：关效　王帆

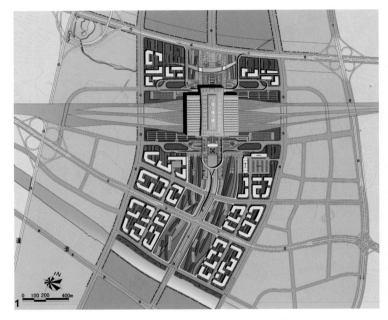

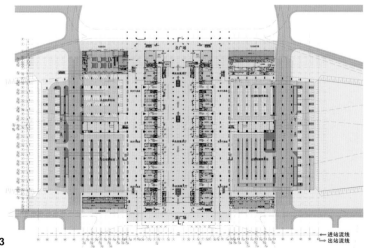

1

2

3

4

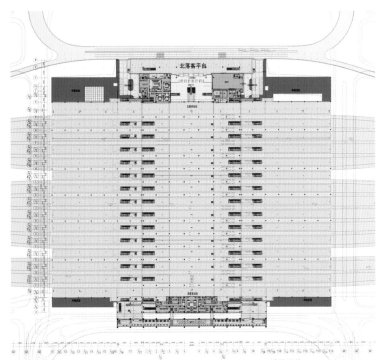

5

← 进站流线
→ 出站流线

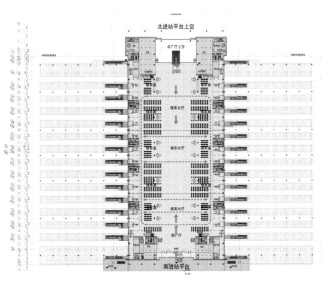

6

← 进站流线

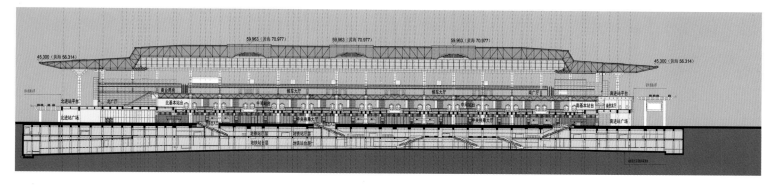

12

13

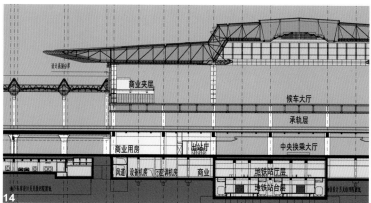

14

10 候车大厅
11 出站口
12 剖面图
13 无柱雨篷
14 剖面图
15 无柱雨篷

15

北京建筑工程学院大兴新校区 6 号综合服务楼

该建筑建设初期为宿舍区商业服务,校园形成后转换成多功能建筑。故功能自由转换为构思出发点:无柱大空间;单元式模块组合;电气、设备为功能转换提供条件;内部夹层用较易拆除和可回收的材料。

平面为 10m×10m 单元排列形成的正方形,每单元由中间天窗和四坡屋顶组成,50m 跨预应力梁国内罕见。屋顶、切割面为清水混凝土,切口内为温暖的木质外墙。

设置外廊,为大窗提供遮阳,同时为店铺和学生活动提供半室外空间,另一个作用是大跨度梁支撑。外廊与路网平行,而建筑轴网旋转,丰富外立面。四面坡屋顶上增加一层混凝土预制反向四面坡屋顶,大梁隐藏于两层屋顶之间,结合开启天窗通风。

技术指标

建设地点:北京市大兴区芦城

用地面积:0.56hm²

建筑面积:4 443m²

高度:10m

设计时间:2010 年 4 月

建成时间:2011 年 8 月

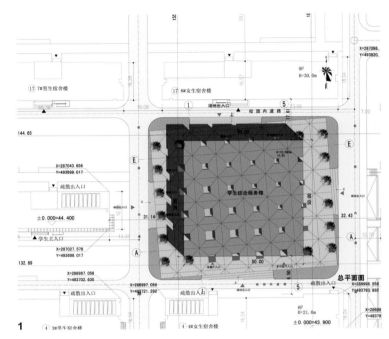

1 总平面图

设计人

建筑:胡越　邰方晴　张晓茜

结构:张俏　张国庆　何鑫

设备:唐强　田新朝　赵永良

电气:程春辉　王旭

5 体量生成示意图
6 东立面日景
7 西立面夜景

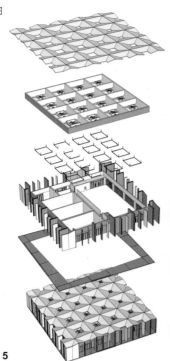

5

6

7

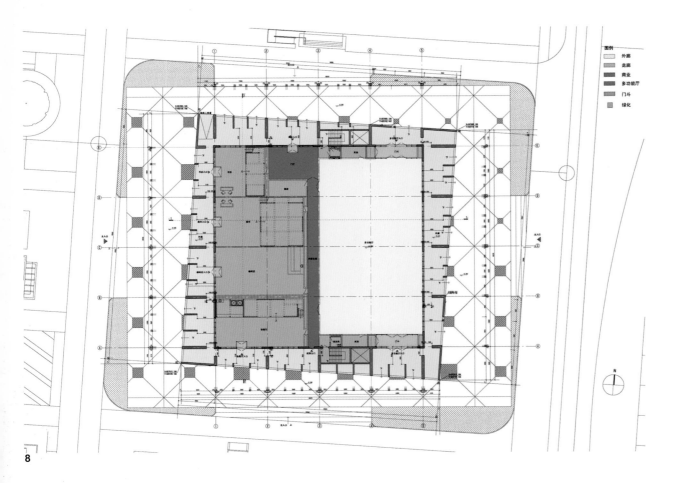

8

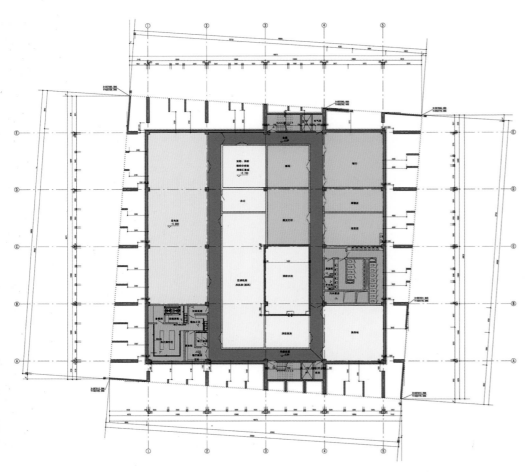

9

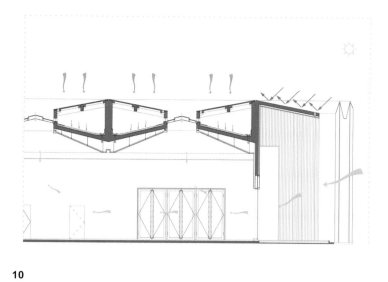

10

11

12

北京建筑工程学院大兴新校区基础教学楼

二等奖 / 高等院校

新校区重要单体建筑,临主干道交叉路口,包括公共教学楼、计算机信息部、文法学院、理学院。

归纳统一。平面设计,提炼各种教室、实验室的内在规律,归纳统一,体形尽量简化。立面模数,符合结构柱距和井字梁设置以及分体空调室外机安装要求。贯穿各功能的屋顶装饰架将各部分整体串联。

突出重点。圆报告厅造型,方正中表现灵动,立面 45° 斜向方形 GRC 构件拼接。公共教学楼和文法学院间以老校区的标志——石材连廊相接,继承历史记忆。两种颜色的面砖基调,配以玻璃、钢材。

技术指标

建设地点: 北京市大兴区芦城

用地面积: 2.7hm²

建筑面积: 48 638m²

高度: 24m

设计时间: 2010 年 1 月

建成时间: 2011 年 8 月

设计人

建筑: 潘伟　楮平　徐昊　黄越　徐进　龚明杰　司彬彬　张彦

结构: 张俏　张国庆　张春浓　毛伟中

设备: 唐强　顾沁涛　刘燕华　刘立芳

电气: 程春辉　汪海泓　杨一萍　王旭

1

2

1 东南侧全景
2 东南侧全景鸟瞰
3 报告厅西北侧全景

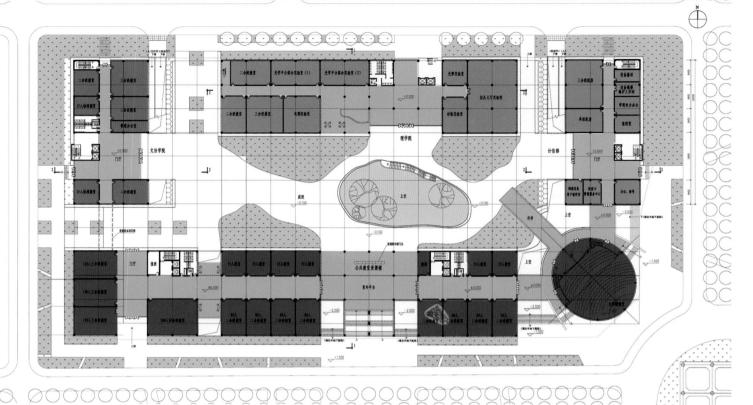

4

4　首层平面图
5　南侧立面
6　大堂
7　报告厅大堂
8　西侧连廊

5

外交学院扩建工程（一期）

二等奖 / 高等院校

从东侧千人礼堂至西侧图书馆，构成校园主轴，南北延展了两辅轴。南辅轴为教学轴，从东侧教学区至西侧办公区，北辅轴为生活轴。北、南共六座院落各自独立。办公、教学楼，功能规整而居外，图书馆、信息楼，功能生动而居内。教学和信息楼、学生宿舍、接待中心和餐饮中心分别围合成院落。会堂、图书馆作为校园的主角，居于校园东西主轴的端点。校园人车分流，设环形机动车道，内部路网为步行或临时机动车道路。

规划总体合理，疏密有致，空间划分与围合娴熟。建筑单体子项繁多，功能齐全，体形变化丰富。图书馆辅助功能集中设置，为阅览等留出完整空间。

技术指标

建设地点：北京市昌平沙河高教园区

用地面积：29hm²

建筑面积：80 958m²

高度：30m

设计时间：2009 年 3 月

建成时间：2012 年 6 月

设计人

建筑：刘淼　费曦强　钟京　刘海平　吴翰　翟昊　王超　高博　孙静

结构：于东晖　鲁国昌　张莉　张红和　王耀榕

设备：李树强　陈蕾　周虹

电气：李维时　任重　刘青

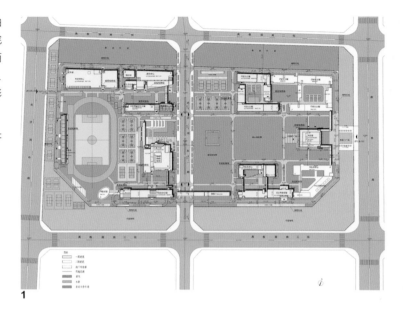

1

2

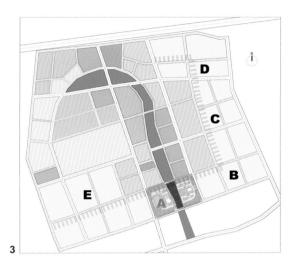

1　总平面图
2　外景
3　校园区位分析图
4　E 座信息中心西立面及连廊

5

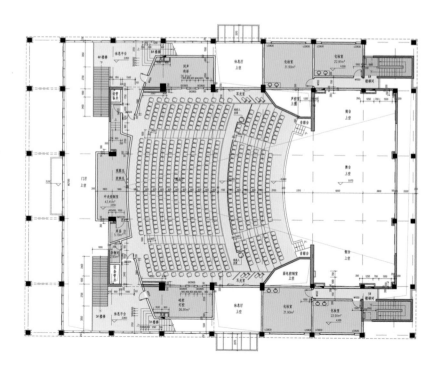

6

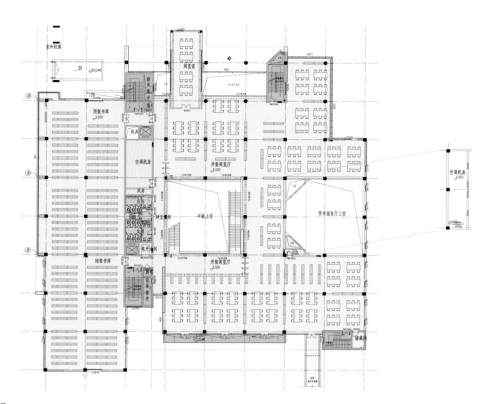

7

法国驻华大使馆新馆

本馆位于朝阳区使馆区内,由使馆办公、领事馆和大使官邸组成。方案设计由法国 S.AREA ALAIN SARFATI ARCHITECTURE 完成。设计中对中西方建筑文化的融合、传统与现代的表达进行了有益探索。

建筑采用内向型的现代四合院落布局,通过空间围合界定自身区域的"场"、形态的"城",传达了对后现代街坊形制的怀念和实践,表现了对城市的尊重和贡献。

建筑群整体造型平缓舒展,仅在街角处布置等边三角形办公高塔,于坚实的"台"之上构筑了金色"楼阁"。立面建筑元素的组织、材料、色彩等现代语汇传达了对悠久历史文明的敬意,同时也显示出了现代的自信与轻松。

建筑内部功能布局合理而不拘泥,空间层次丰富,手法从容而灵活,显示了张弛有度的活力和控制力,而对建筑细节的关注则再次表达了对于设计的认识和追求。

技术指标

建设地点: 北京市朝阳区天泽路 60 号

用地面积: 2hm²

建筑面积: 19 950m²

高度: 30m

设计时间: 2008 年 12 月

建成时间: 2011 年 8 月

合作设计单位: S.AREA ALAIN SARFATI ARCHITECTURE

设计人

建筑: 李捷 周虹 周润 金陵 刘刚

结构: 姜延平 梁丛中 陈岩 张爱国

设备: 王琼 王琳 路东雁

电气: 方磊 韩全胜 徐迪 段宏博

经济: 宋金辉 张砚玲 胡英 王帆

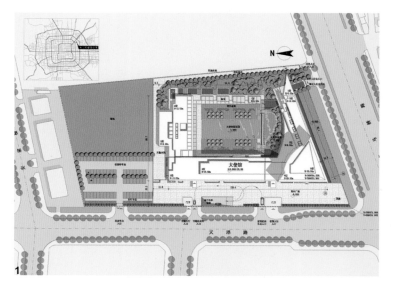

1 总平面图
2 西立面局部
3 主塔楼

4 南立面领事馆入口
5 主楼和咖啡厅北立面
6 内庭园钢构柱廊

太原煤炭交易中心——展览中心、交易大楼

一等奖 / 会展综合体

本项目位于太原市长风商务区的北端。

展览中心为一直径 260 余米的圆形"碟"状巨构,内部设置多类型展馆,各展馆之间无缝连接,既可单馆使用,也可任意并联,适用性强。交易大楼由圆形裙房和矩形塔楼组成。塔楼采用正方形平面,竖向划分为 6 个立方体,每隔 3 层有一个收分层,设计手法简洁有力、韵律感强。

工程设计在技术应用、技术表达与建筑表现上有较深入研究。

展览中心采用目前国内单体面积最大的大跨度螺旋穹顶管桁架屋盖,管桁架呈双向弧形放射状排布,内部形成超尺度的无柱空间,并系统整合了相关机电做法。

中心展馆以索网 + 索穹顶组合支撑结构和玻璃、遮阳百页为屋面围护结构,中心突出,与周边形成鲜明对比,深入刻画空间效果。

展览中心外围飘篷下设置 48 片"空气导流光信息综合功能叶片",在解决具体功能、技术需求的同时,营造了展馆宜人尺度,为完整的建筑造型带来灵动和变化。

外立面幕墙以自主技术创新的"呼吸器"系统整合多类功能、技术需求(通风、暗装雨水管、照明线路、LED 灯带等),并与建筑表现有机结合,构成立面的竖向肌理,形成简洁、纯净的建筑特色。

采用严格的"完成面模数控制体系",对平面、立面及细部尺寸实现深度和细节控制,在空间组织、建筑外观、内部装修上取得良好效果。

技术指标

建设地点:太原市长风商务区

用地面积:44hm²

建筑面积:展览中心 58 924m²

交易大楼 55 730m²

高度:展览中心 27m

交易大楼 100m

设计时间:2010 年 10 月

建成时间:2011 年 8 月

合作设计单位:太原市建筑设计研究院(仅交易大楼)

设计人

建筑:米俊仁　刘明骏　聂向东　李大鹏　马刚　吴量子　梁晓方
　　　甘宁　曹玺　张文宁

结构:陈彬磊　赵楠　胡正平　李婷

设备:张杰　刘晓茹　黄晓

电气:贾燕彤　陈德悦

经济:宋金辉

1　总平面图
2　全区鸟瞰夜景
3　全区鸟瞰日景

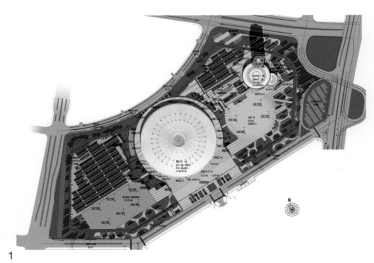

1

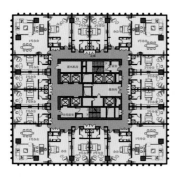

4

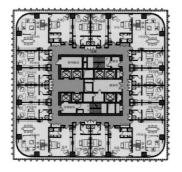

5

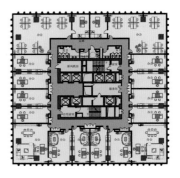

6

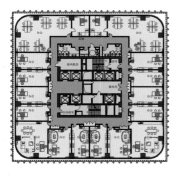

7

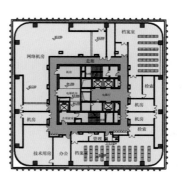

8

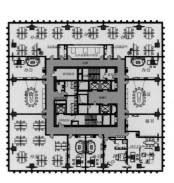

9

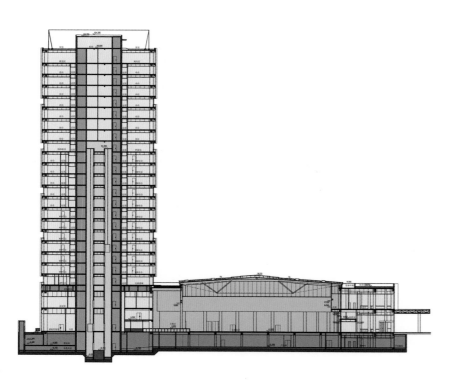

10

13

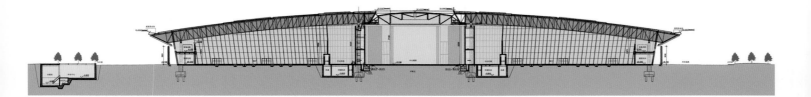

14

15

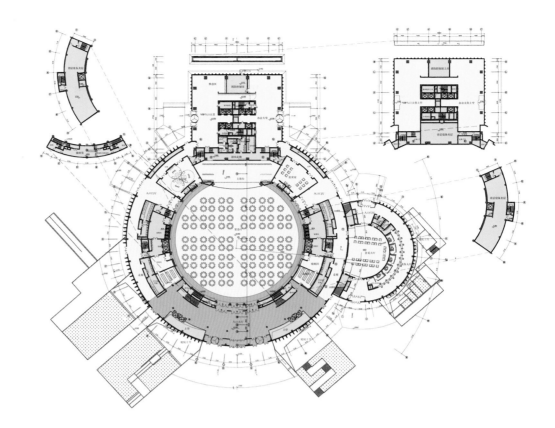

16

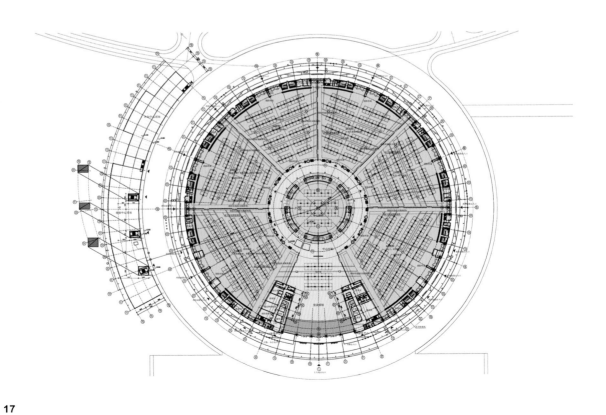

17

北京汽车博物馆

本馆包括展览空间、影院、图书馆及媒体设施,构成灵活性的开放展览空间,可根据不同的主题设置展示。带有视觉主导性汽车升降梯的公共中庭,保证了各层间的视觉连接。环中庭设扶梯、电梯、楼梯垂直交通。垂直循环展览装置象征着动态和运动。

富于表现力和动感的"眼睛"外形和柔和曲线的设计灵感来源于汽车造型手法。曲线形表面象征着运动、技术。外立面玻璃和穿孔金属板减少厚重感,形成二层走道的外壳具有遮阳、灵活的可举行展示活动的媒体墙的功能。实体核心与外皮脱开,保证造型及灯光的视觉连续性。

技术指标

建设地点: 丰台区花乡四合庄村

用地面积: 3.4hm²

建筑面积: 50 459m²

高度: 33.5m

设计时间: 2006 年 6 月

建成时间: 2011 年 8 月

合作设计单位: 德国 HENN 建筑设计事务所

1

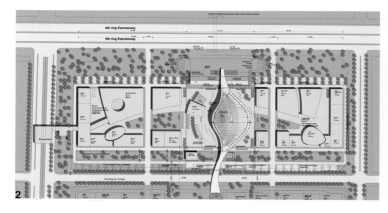

2

设计人

建筑: 田心　李玲　龚泽　吴涛　齐峥

结构: 张力　盛平　甄伟　赵明

设备: 韩兆强　胡宁　曾源

电气: 姚赤飙　李震宇

经济: 窦文萍

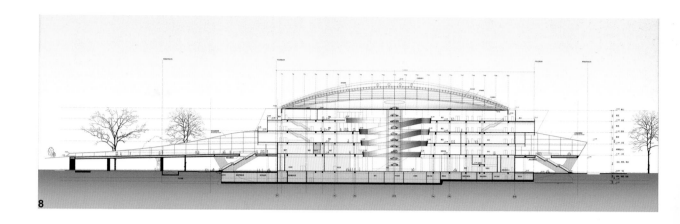

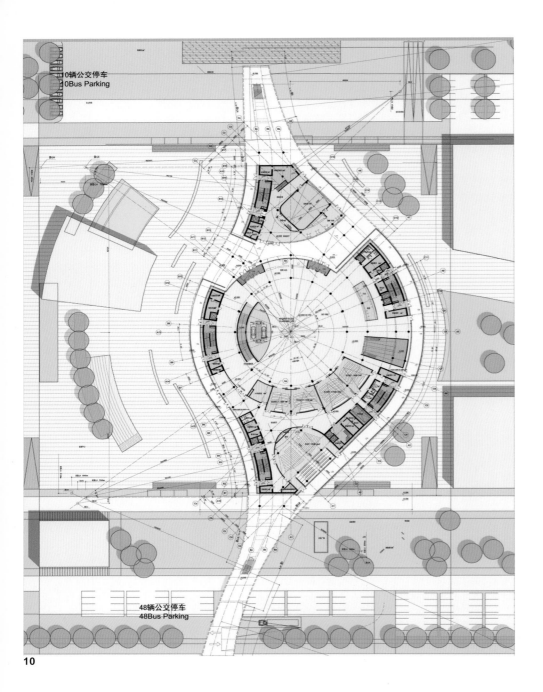

10辆公交停车
10Bus Parking

48辆公交停车
48Bus Parking

10

11

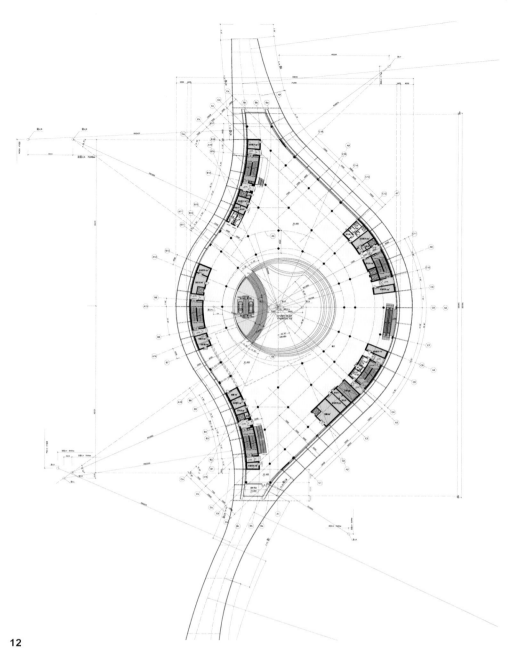

12

13

14

德州市博物馆

以印章为立面概念，干挂石材及玻璃幕墙。几何模数的错动体形，通过简洁、洗练的手法形成雕塑感。细部处理强调几何体形变化力量。以"德"为题的入口，印章式的图案使建筑具有生动的表面肌理。中庭、连廊及通透的幕墙营造出流动的室内外空间。

技术指标

建设地点：德州市河东新区东方红路

用地面积：5.6hm^2

建筑面积：20 527m^2

高度：23.7m

设计时间：2009 年 7 月

建成时间：2012 年 5 月

合作设计单位：德州市建筑规划勘察设计研究院

设计人

建筑：尚曦沐　胡育梅　张羽　孙喆　孙翌博　郭辉

结构：韩起勋　谢晓栋

设备：侯宇　田新朝

电气：程春辉　董燕妮　董晓光

经济：许立　张标　曹垚辉

1

2

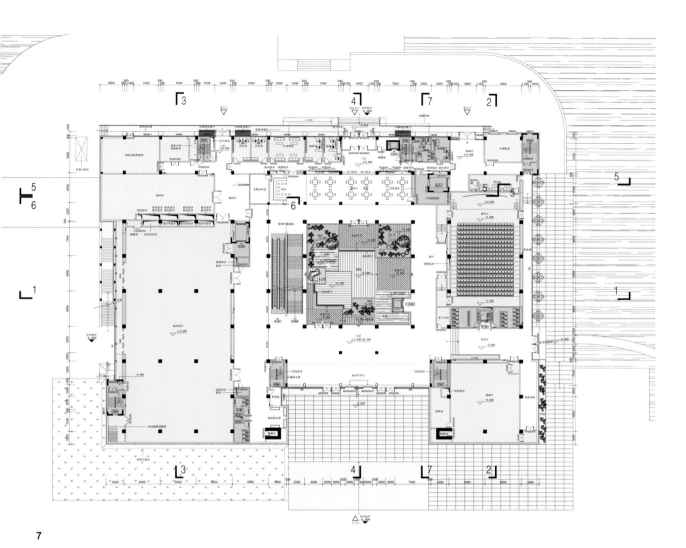

7

8

9

无锡中华赏石文化中心——交流中心、展销中心

二等奖 / 展览馆

本项目位于无锡市郊,是展览、销售石玉的公共文博商业建筑群。

奇石造型作为园区主入口的视觉焦点。白色混凝土轻质挂板或仿石涂料,取意"粉墙"。以现代材质表现的坡屋面形式,朝向不同,形成起伏跌宕的体块群。深灰色金属屋面,取意"黛瓦"。浅灰色石材墙裙,作为建筑与场地的过渡。巨大硬朗的奇石造型,以强烈的视觉效果明确功能性主题。

技术指标

建设地点:无锡市高新技术开发区

用地面积:20hm²

建筑面积:25 676m²

高度:22m

设计时间:2011 年 7 月

建成时间:2011 年 9 月

设计人

建筑:马国馨　柯蕾　孙哲　彭勃　檀建杰　靳江波

结构:王铁锋　李燕平　扈明　王立新

设备:王保国　曹明

电气:柏挺　张争

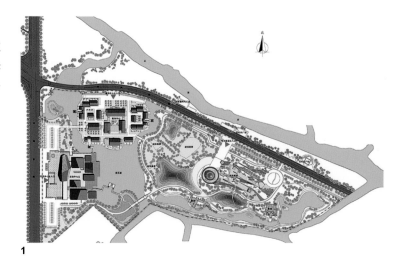

1

2

一层平面图

5

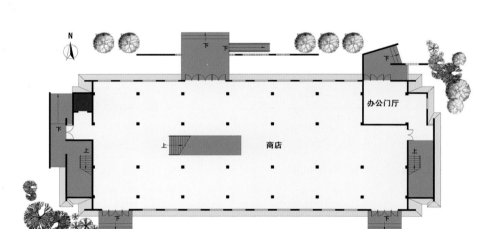

N

办公门厅

商店

6

低碳能源研究所及神华技术创新基地——101号科研楼

本项目作为高科技企业的高端科研实验楼,配置了国内顶级水准的研发实验室。建于昌平未来科技城内。

矩形平面布局,以中心室外庭院分界,南部为行政和办公区,北部为实验及研究区,二者以连廊连接。办公区内设置室内中厅,与室外庭院共同营造多样化内部环境,实验区与办公区间的连廊则提供了跨学科交流的场所。实验区采用中走廊布局,设置6.6m标准柱网通用实验室。实验室全部采用大开间,配以灵活隔断与活动式家具,通过一体化整合的机电系统设计,为实验室提供最大限度的可能性。

建筑造型平实庄重,外墙为灰色玄武岩,以错动的"深窗洞"形成节奏,建筑体量感、雕塑感强烈,并暗合了神华的企业特质。围绕中庭的建筑内立面采用铝板与玻璃幕墙的组合,光洁明快,富有科研建筑的特点,适度调和了较为凝重的建筑气氛。室内外设计细节处理得当,严谨有序。

在整体控制、细节深化上都显示了成熟、严谨的设计能力和风格。

技术指标

建设地点: 北京市昌平区未来科技城

用地面积: 42hm²

建筑面积: 23 535m²

高度: 24m

设计时间: 2010年2月

建成时间: 2010年12月

设计人

建筑: 叶依谦　刘卫纲　陈震宇

结构: 李婷　李志武　赵煜

设备: 刘沛　张杰　汪猛　裴雷

电气: 李博邃　蒋夏涛　夏子言

经济: 李俊升　李琳琳

1　总平面图
2　区位图
3　外景
4　室内中庭
5　室外庭院
6　室外庭院
7　室外庭院局部
8　主入口局部

3

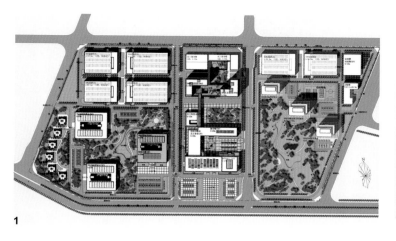

1

2

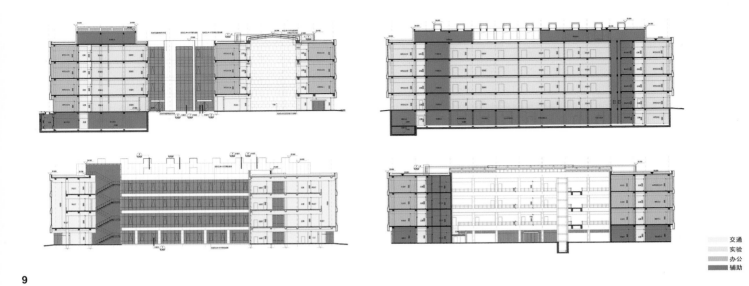

9

交通
实验
办公
辅助

10

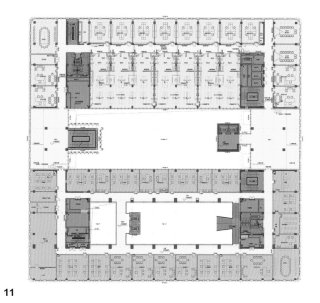

11

12

辅助
交通
实验
办公

13

首都医科大学科研楼

高校科研楼，建于首都医科大学南校园内。规划尊重校园环境，继承首医大一贯的正南北向的建筑布局，沿纵深排列的传统规划方式。主楼立面方整，显示与环境一脉相承的理性与严谨风格，底部插入异型的曲面体，在规整中追求适度变化，赋予建筑个性化特征。内部空间条理有序，在秩序中追求变化，营造交流、合作的空间氛围。室内设计运用多种现代建筑语素，简约明快，显示了良好的建筑系统整合的能力，而对于细节的细腻把握大大提升了建筑的空间品质。

对实验室设计进行了广泛调研，深入分析了实验室功能、流线、家具等相关设计要素，探索实验室标准化设计，对同类设计有指导意义。

技术指标

建设地点：首都医科大学南校区

用地面积：6.2hm²

建筑面积：42 129m²

高度：60m

设计时间：2009 年 7 月

建成时间：2011 年 1 月

设计人

建筑：李亦农　崔克家　孙耀磊　侯博

结构：郑辉　王浩　肖青

设备：吴宇红　梁江

电气：李逢元　刘高忠

经济：许立

装修：冯颖玫　顾晶　崔钰

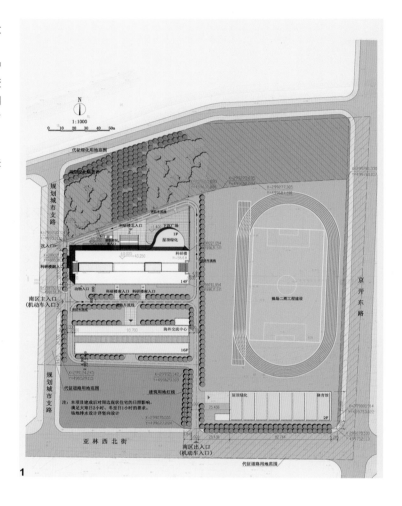

1

2

1 总平面图
2 区位图
3 剖面图
4 建筑主入口
5 外立面

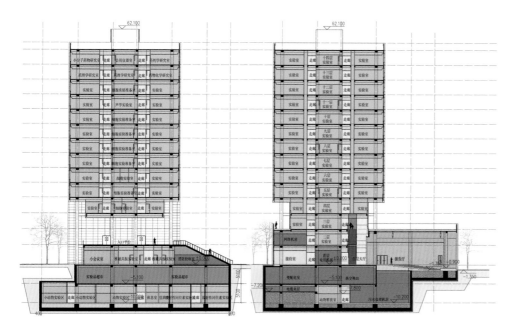

3

4

5

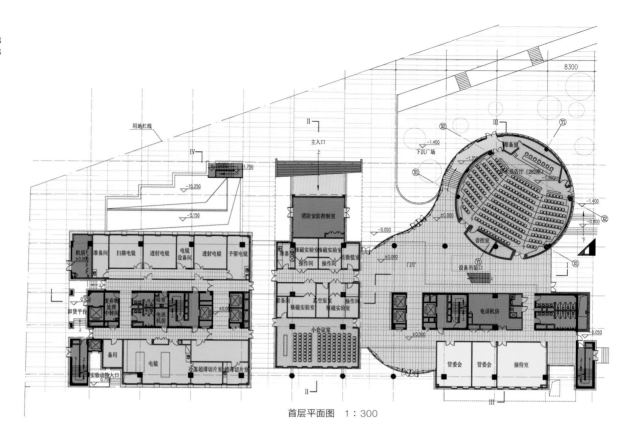

首层平面图　1∶300

10

11

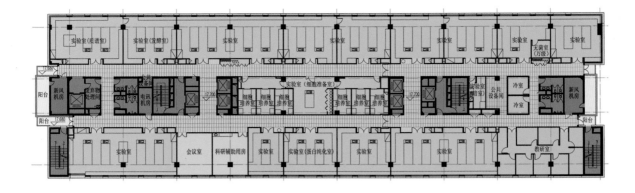

12

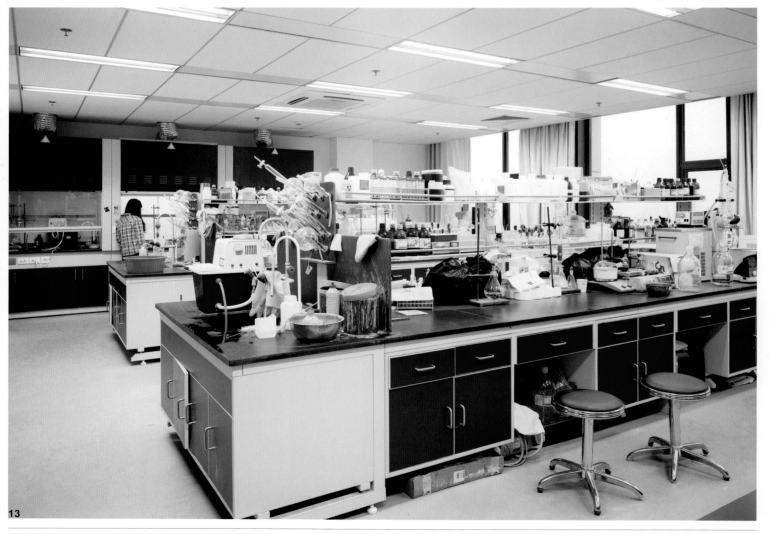

13

新奥科技实验楼 A 栋

二等奖 / 实验室

本项目是高科技企业科研实验办公楼，位于廊坊新奥科技园区内部，场地为三角形。

设计中重点强调了科研建筑高效、实用的特征。办公、实验室分区设置，互相独立又紧密联系，内部流线简洁清晰。实验室采用标准化、模块化（设备管线）设计，实验、办公空间实现模数化灵活划分。

造型上顺应场地，适度刻画重要节点。内部空间以动感的线条展开，通过共享中庭、走廊局部节点放大等设计手法营造了一系列休息交流的人性化空间；并使内部功能、空间布局合理，变化有序。

立面材料以浅色天然花岗石干挂石材配以玻璃材质，整体感强，配合景观设计营造了舒展明快的整体环境，表现了较强的总体控制能力和细节把握能力。

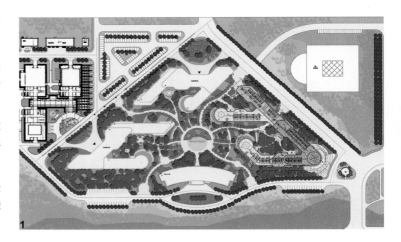

技术指标

建设地点：北京市廊坊市

建筑面积：11 490m²

高度：21m

设计时间：2009 年 5 月

建成时间：2010 年 7 月

设计人

建筑：高丽娜　周永建　夏熠

结构：万红宇　伍炼红

设备：李常敏　曹诚

电气：冯俊　王卫明

1 总平面图
2 鸟瞰图
3 主入口外景

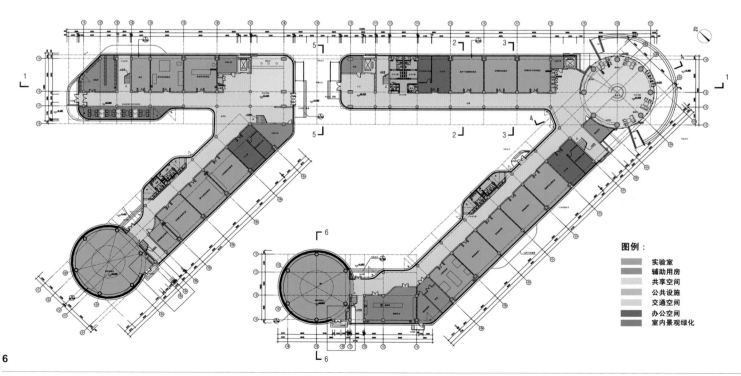

图例:

实验室
辅助用房
共享空间
公共设施
交通空间
办公空间
室内景观绿化

4 内景
5 外立面局部
6 首层平面图
7 圆形大厅
8 圆形会议室

博鳌国宾馆

一等奖 / 旅游酒店

项目是五星级山地度假酒店，位于海南省博鳌龙潭岭主峰，沿山脊分布4个不同标高的台地建设；包括五星级贵宾楼、总统别墅、贵宾别墅、礼仪广场及相关休闲设施、生活用房区等。

以多样的院落组织空间，分散多核布局。与坡地环境曲直结合，水系环绕，凸显南国地域性空间体验。各类功能流线相对独立，内外动静分区。

建筑手法突出热带滨海建筑风格，强调与自然的融合，空间变化丰富，建筑尺度宜人，追求精致的细节表现。

技术指标

建设地点：琼海市博鳌镇

用地面积：26hm²

建筑面积：34 501m²

高度：23m

设计时间：2010年2月

建成时间：2011年4月

设计人

建筑：杜松　刘志鹏　张钒　王晓冰　刘莹

结构：盛平　徐福江　赵明　刘家菱

设备：段钧　周晓红　马月红

电气：庄钧　张瑞松　孙妍　张争

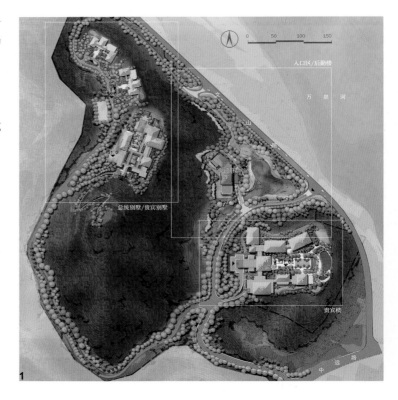

1

2

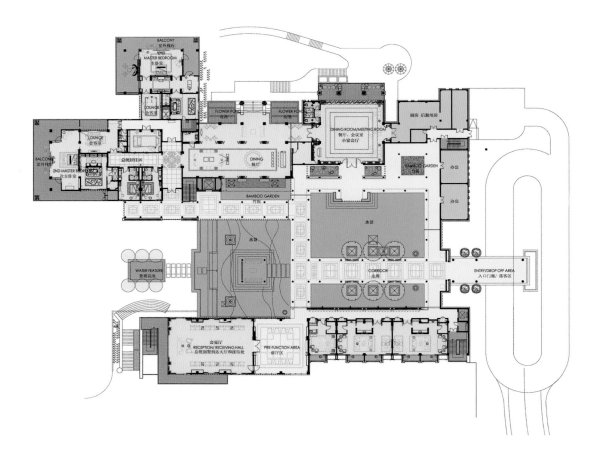

5

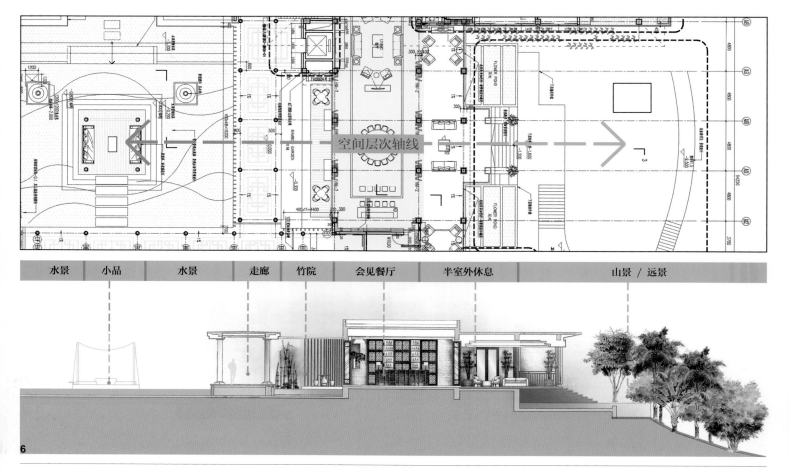

水景	小品	水景	走廊	竹院	会见餐厅	半室外休息	山景／远景

空间层次轴线

6

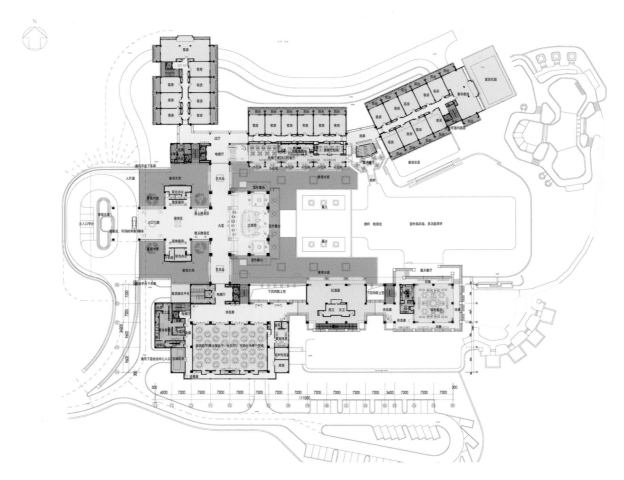

10

10 贵宾楼入口层平面
11 贵宾别墅入口层平面
12 贵宾楼内院
13 贵宾楼大堂吧
14 贵宾楼入口
15 贵宾楼内院

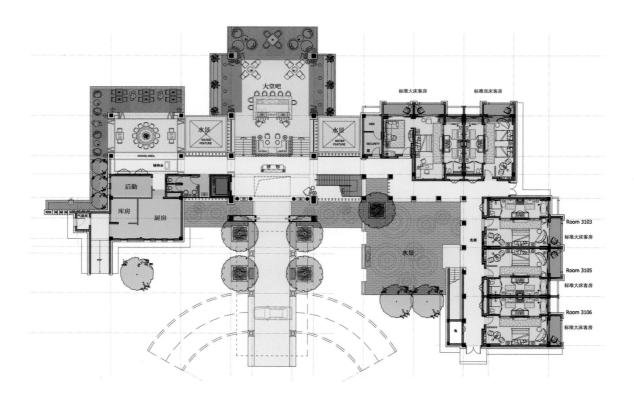

11

昆泰望京酒店

二等奖 / 商务酒店

本项目位于望京东北部,会议型五星级酒店,425 间标准客房。与美国 RMJM 设计公司合作完成方案设计。

在用地内形成南区和北区两组建筑。建筑布局追求功能的高效性与集约性,尽可能采取南北朝向,以争取最大的自然采光和通风条件。妥善解决了各类外部与内部功能流线的组织,功能布局合理、高效。充分利用土地资源,采用开放式庭院绿化,创建多元化场景的开放园区,并与建筑布局、形式相呼应。

建筑形态依托特定建筑环境条件,强调建筑功能性内涵的表达。建筑外部造型设计追求简约、现代。

技术指标

建设地点: 北京市朝阳区望京地区东北部

用地面积: 2.5hm²

建筑面积: 158 723m²

高度: 80m

设计时间: 2010 年 11 月 1 日

建成时间: 2011 年 8 月 28 日

合作设计单位: 美国 RMJM 设计公司

设计人

建筑: 谢欣　于波　徐聪智　黄舟　彭琳　禚伟杰

结构: 陈一欧　卫东　王盛

设备: 石鹤　杨帆　齐瑞颖

电气: 华建江　孔嵩

经济: 高峰

1

2

1　总平面图
2　立面材质对比
3　公寓东南
4　全景

8

深圳海上运动基地暨航海运动学校

一等奖 / 体育中心　学校

本项目位于深圳市东郊南澳,距市区 60km,东临大亚湾,分为世界大运会帆板帆船比赛场及赛事赛后运营保障设施航海运动学校两部分。

弱化建筑,以简单的形式逻辑统一散落的建筑单体,化零为整;突出建筑群落关系,使单体消匿于整体环境之中。以简单的"矩形盒子与水平条板"为构成元素,在限定的建筑模数与尺度控制下,通过扭转、挪移这两种变异的手法去演绎空间与形式的自由趣味。室内设计内外呼应,风格简洁有力,符合建筑性质。

技术指标

建设地点: 深圳市龙岗区桔钓沙片区

海上运动基地用地面积: 7.7hm^2

海上运动基地建筑面积: 10 480m^2

海上运动基地高度: 20m

海上运动学校用地面积: 4.4hm^2

航海运动学校建筑面积: 16 700m^2

航海运动学校高度: 16m

设计时间: 2009 年 9 月

建成时间: 2011 年 4 月

设计人

建筑: 米俊仁　李大鹏　聂向东　王瑞鹏　王小用　张昊　林华　武志军
　　　解放　李晓玲　宫新

结构: 李文峰　李兴旺　马培培

设备: 张杰　刘沛　刘庆文　陆文轩

电气: 吴晓海　陈超

1

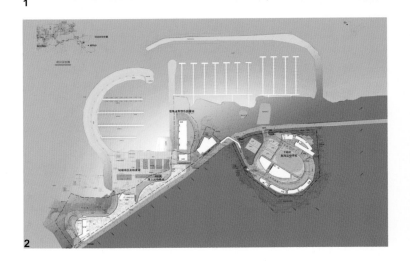

2

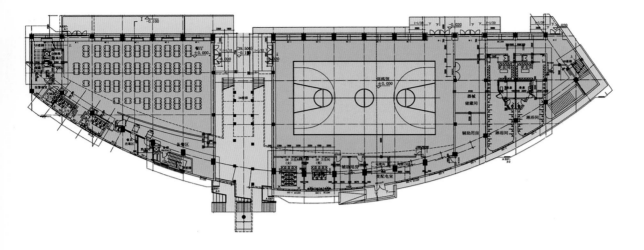

11

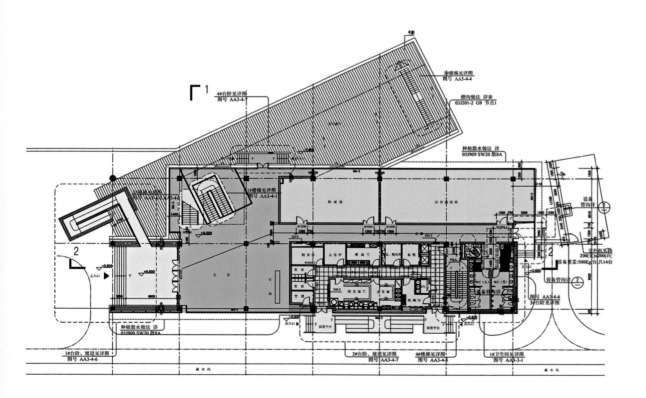

12

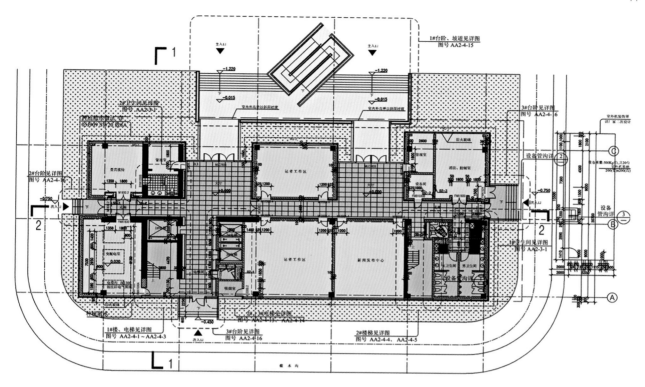

13

14

援赞比亚恩多拉体育场

二等奖 / 体育场

采用 8 心圆看台平面，节约土地。上层看台天际线连续的"马鞍形"合理分配了各向看台座椅的数量。

主体看台罩篷造型寓以两片叶子——赞比亚国花。罩篷跨度 287m，最大宽度 50m，弦顶最高点 55m。屋面为聚碳酸酯板。体育场斜坡型绿化基座，强化了建筑的体量和整体感。

西立面以粗糙实墙面配合不规则的玻璃窗隐喻赞比亚维多利亚大瀑布，大屏幕上方小罩篷具有雄鹰的形象性隐喻，粗犷的风格与当地文化呼应。

技术指标

建设地点：赞比亚铜带省恩多拉市

用地面积：20hm²

建筑面积：45 208m²

高度：56m

设计时间：2008 年 9 月

建成时间：2011 年 8 月

设计人

建筑：江宏　马宁　栾斌　王建海　郑惠

结构：龙亦兵　朱忠义　梁丛中　王荣芳　张玉峰　秦凯

设备：王琼　王凤站　陈岩

电气：方磊　韩全胜　陈校

经济：高峰

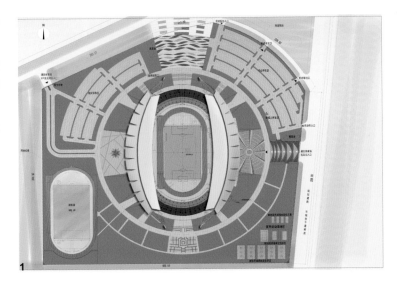

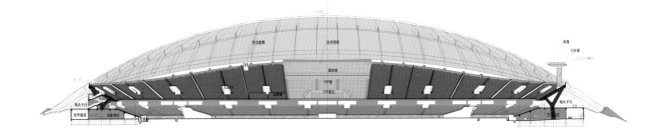

4

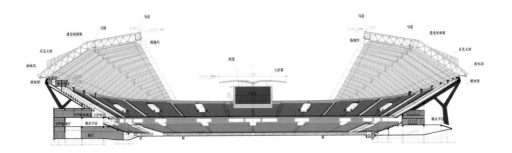

5

6

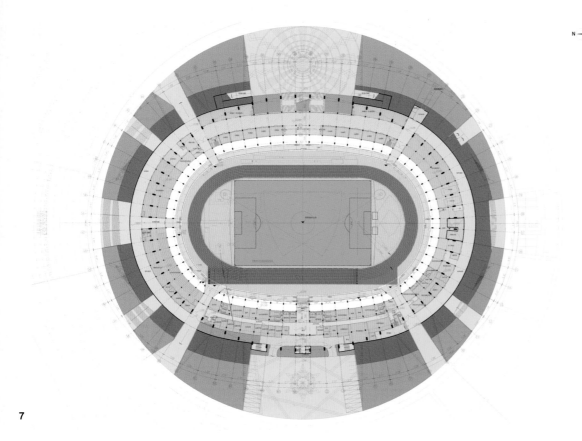

7

7　二层平面图
8　内景
9　Y 形柱

8

三门峡市文化体育中心

二等奖 / 体育场　会展

1　全景鸟瞰图
2　总平面图
3　文体中心东南视角

本项目为会展中心与3万人体育场两大部分,之间形成广场,面向城市和涧河。会展中心分三区:会议中心、展览中心和科技文化中心。

圆形体育场和梯形会展形体呼应,呈元宝形,象征三门峡市黄(金)、白(铝)、黑(煤)三大矿产资源。会展幕墙罩以金黄色金属蜂窝板屋面,屋面稍向中心广场倾斜,强化场地的聚合性。体育场玻璃幕墙与金属板交接形成象征天鹅的平缓优美曲线,金属板镂空与聚碳酸酯罩篷上天鹅形状的遮阳罩错落地分布,又形成片片高飞的天鹅效果。体育场粗细不同的结构杆件从建筑底部由疏而密象征天鹅优美纤细的羽毛。

技术指标

建设地点: 河南省三门峡市

用地面积: 44hm^2

建筑面积: 142 568m^2

高度: 24m

设计时间: 2009 年 11 月

建成时间: 2011 年 12 月

设计人

建筑: 刘蓬　赵雪亮　王轶楠　孟路　杨亚中　胡越

结构: 陈彬磊　杨勇　黄中杰　陈栋　李蕊　李婷

设备: 张杰　柏婧　刘沛　赵煜　陆文轩　刘庆文

电气: 赵亦宁　宋立立　裴雷

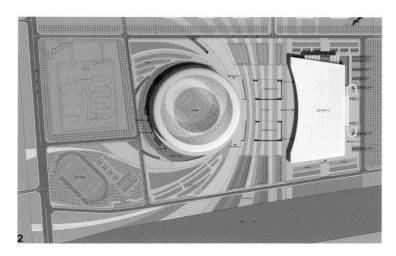

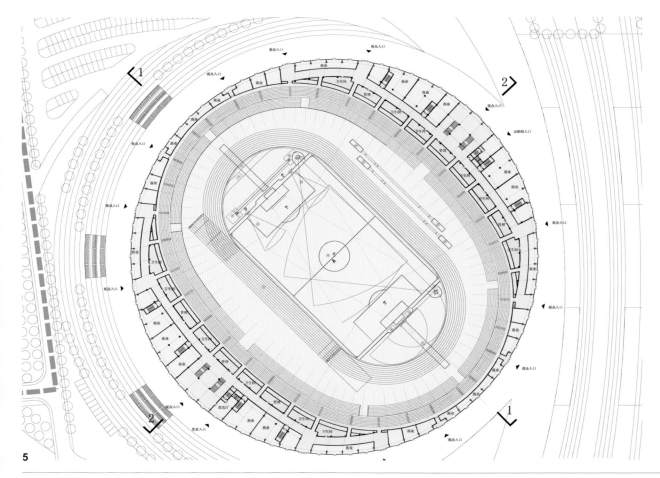

4　体育场场内
5　体育场首层平面图
6　会展中心首层平面图
7　会展中心剧场前厅
8　会展中心活动中心前厅

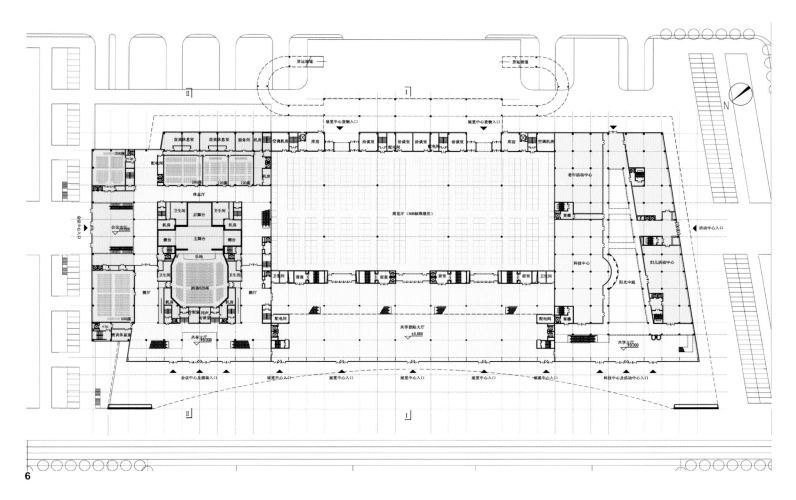

6

7

8

103

南通绿洲国际中心

南北向的折板式平面，满足使用功能要求，同时围合出不同使用人流的活动区域及出入口，轻松自然地化解了建筑形象完整而使用独立的矛盾。

建筑竖向线条突出挺拔。高层部分经过仿石材划分及精细的线脚处理，将涂料与底层的石材很好结合。"粗粮细作"，节省造价。对立面虚实比例、色彩搭配、夜景照明均进行推敲。建筑群体形象统一。

技术指标

建设地点：南通市

用地面积：3.6hm²

建筑面积：97 462m²

高度：100m

设计时间：2010 年 1 月

建成时间：2011 年 11 月

设计人

建筑：刘海平　费曦强　陈光　高博　张伟　赵晨　周瑞平　李晓华

结构：于东晖　王耀榕　张红和　奥晓磊　杨玥

设备：李树强　王新　郭超　杨樱

电气：陶云飞　杜鹏　张博超　任重

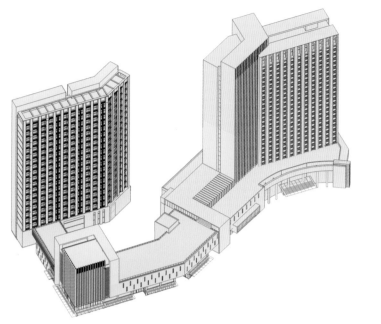

酒店
办公
商业

功能分析

2

3

4

5

6

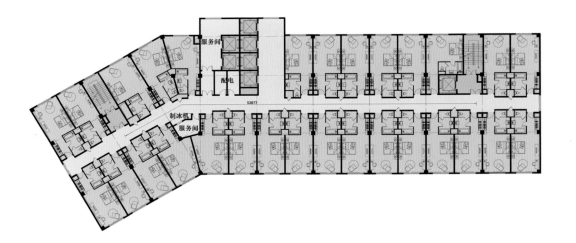

酒店货物入口
卸货平台
收货区
收货办公
办公
消控中心 50平方米
垃圾 55平方米
值班
客房厨房
办公后勤入口
空调机房 75平方米
值班
办公
保安监控
等候区
配电
办公大堂
办公入口
行包
西餐厨房 254平方米
收货区库房 55平方米
服务
办公
办公
办公
寄存
等候区
前台
前台
大堂吧 286平方米
酒店后勤入口
空调机房 4平方米
面包
西餐厅 325平方米
酒店大堂
酒吧 150平方米
商店 148平方米
酒店入口

10

服务间
配电
制冰机
服务间
53677

11

昌平区回龙观 A08 地块配套商业（琥珀天地）

二等奖 / 综合体

本项目位于回龙观中轴线和商业氛围最为浓厚的"十里长街"上，是回龙观区域商业最为集中和商业氛围最为浓厚的地区。

采用了两个"L"形体量相互扣接，形成一个连续的"S"形的布局形态，隐喻"龙"形，有效避免了尺度过长带来的冗长与压迫感，使建筑富于层次和变化，契合了当地的地域文化。

建筑体量布局工整有序，尺度适中，有适度变化，整体性较好。各类建筑材料的运用搭配适宜，层次与虚实丰富而分明，材料、色彩较好呼应了地域性特色，建筑细节处理控制得当。

技术指标

建设地点：北京市昌平区回龙观

用地面积：17 700m²

建筑面积：27 023m²

高度：18m

设计时间：2011 年 7 月

建成时间：2011 年 8 月

设计人

建筑：朱颖　邹雪红　沈桢　曾劲　朱琳　肖可　张彤梅　王鹏

结构：田玉香　董小海　许阳　宋铮

设备：王琼　熊进华　彭晓佳　赵静远

电气：姜建中　薛磊

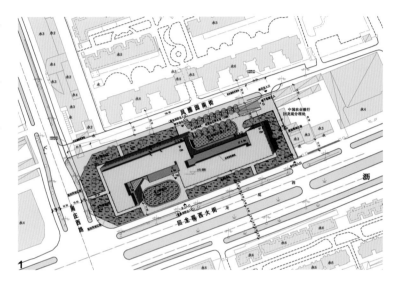

1

2

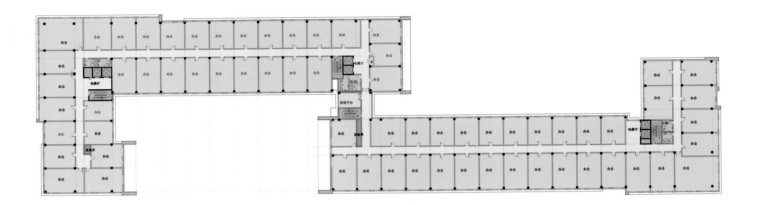

4

5

4　三层平面图
5　正南方向西侧
6　正南方向东侧
7　东北方向

海口海岸一号（四期）商住楼

二等奖 / 综合体

本商住楼下部为商业用房，上部为小户型酒店式公寓。

利用当地气候特点，每五层设置空中花园，组织自然通风，室温保持舒适程度，低成本、低技术维护运营。东边可以远眺万绿园、琼州海峡景观，所以没有开敞。

每户设凹阳台，放置室外机、洗衣机、晾衣。

技术指标

建设地点：海口市龙华区世贸北路 1 号

用地面积：6.2hm²

建筑面积：56 100m²

高度：99m

设计时间：2008 年 3 月

建成时间：2009 年 12 月

设计人

建筑：潘敏　刘伟　蒋佐东

结构：郑珍珍　陈晰　李义强

设备：沈珊

电气：王成立

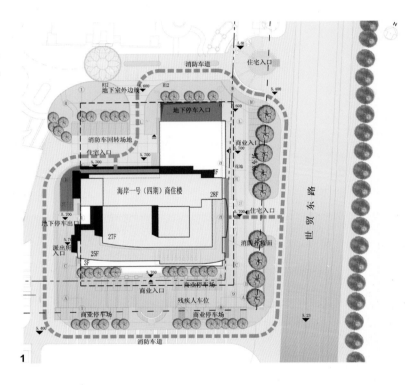

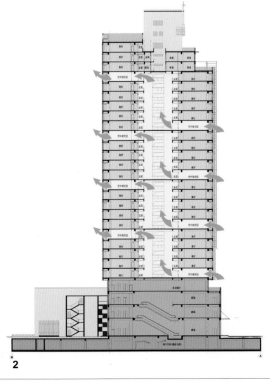

1　总平面图
2　分析图
3　空中花园
4　空中花园内景
5　东南立面全景

首都图书馆二期暨北京市方志馆

一等奖 / 图书馆

二期建筑与一期建筑围合成内向庭院，两期建筑以共享中庭为中心相互扣接。

采用较小建筑进深，自然采光、通风。寓教于乐的理念改变单调的阅览方式，自由、开放的空间及遍布馆内的数字化服务、自助服务设施为读者提供了便利。

立面遮阳百页做成藏书楼的形式。半透明铝制微孔遮阳板，遮挡直射光，又不影响通风。室内进行了静音设计及防眩光措施。

技术指标

建设地点: 北京朝阳区东三环南路 88 号

用地面积: 1.8hm²

建筑面积: 66 981m²

高度: 49.5m

设计人

建筑: 徐健　胡帼婧

结构: 朱兴刚　万红宇

设备: 乔群英　王毅　王思让　刘宁　赵彬彬　洪峰凯　韩兆强

电气: 骆平　刘洁

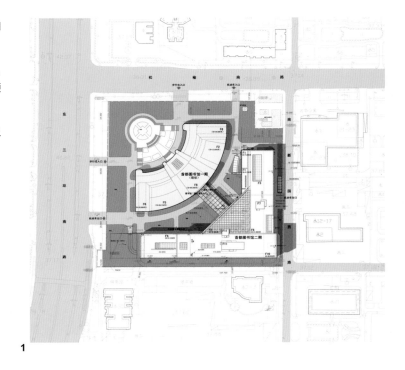

1

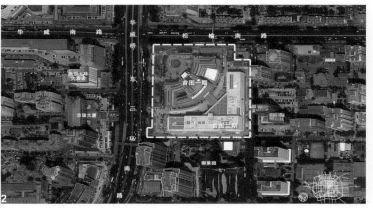

2

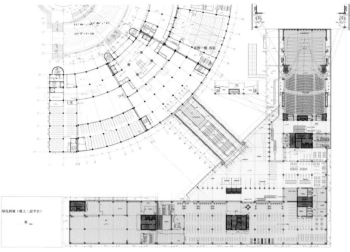

9

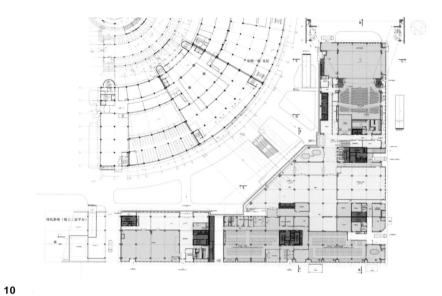

10

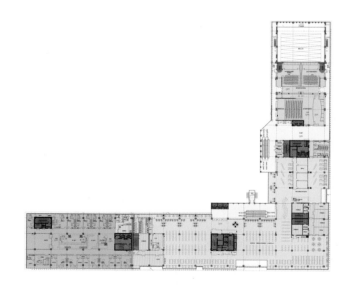

11

太仓市文化艺术中心

二等奖 / 剧场

本项目与图博中心、市政务中心，三组建筑呈品字形围合成城市广场。

南侧大剧院为主体。北侧文化馆为了减轻对政务中心的体量压力，隐退于倾斜的绿化屋面之下，只有入口门厅的玻璃体探出草地，予以入口提示。

1 150 座大剧院全玻璃幕墙表皮，弱化了建筑体量和对道路广场的压迫感。在斜坡绿化背景的衬托下，索网幕墙沿弧线轻盈展开，形似徐徐拉开的大幕，印刷玻璃的谱纹寓意江南丝竹的悠扬乐谱。观众厅巨大的红色体量，被一层金色的编织网包覆，犹如装满稻谷的"金太仓"。平行四边形母题重复出现在立面和室内，传达了动感。室内大厅吊顶为乳白色，GRG 板无缝拼接。

技术指标

建设地点：太仓市上海东路 99 号

用地面积：1.34hm²

建筑面积：25 990m²

高度：24m

设计时间：2009 年 3 月

建成时间：2011 年 8 月

设计人

建筑：柴裴义　李捷　周虹　周润　王伦天　刘晓楠

结构：龙亦兵　王荣芳　朱忠义　刘钧　梁丛中　孙磊　张玉峰

设备：沈铮　于楠　王凤站

电气：方磊　段宏博　闫春磊

经济：刘国

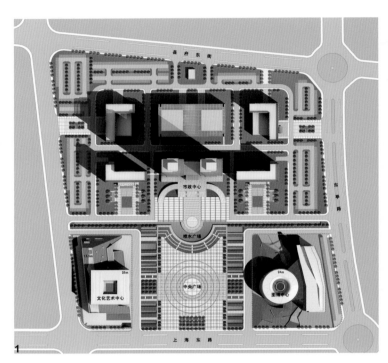

1

2

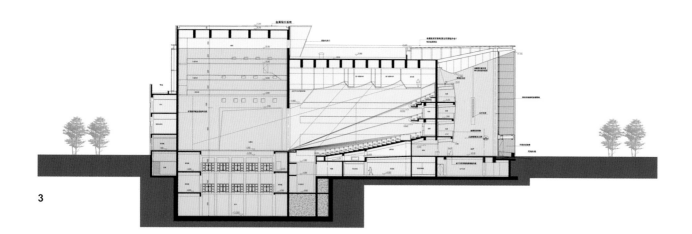

3

4

5

6

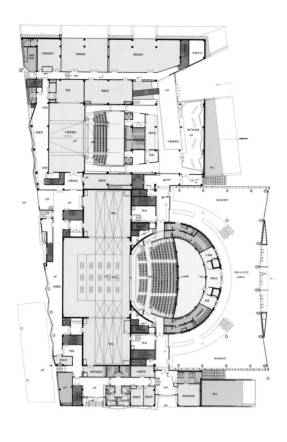

7

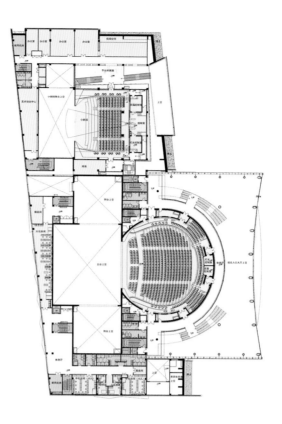

8

9

天津海鸥工业园

二等奖 / 工业

本项目为工业建筑类型,位于天津空港物流加工区内。

在工业建筑的设计表达方面进行了有益的尝试和探索。在满足生产工艺和生产流程需要的同时,在总体布局与建筑表现上寻求新的内容和突破,以环境品质、空间品质的提升赢得生产效率的提高,从整体格局到单体设计较好适应了功能需要,空间、形式适宜。

园区内设置多个灵活自由的围合式、半围合式的公共、半公共室外庭院,使主要的房间均有良好的自然通风和采光,更可享受到"庭院"风格的自然景观;创造新型的生产、生活空间模式;建筑体量随功能内容的丰富而变化,组合成了一个具有多元特性的建筑群;建筑的立面设计引入大量民用建筑的立面语汇,塑造亲切、宜人的现代工业园区。

该项目为低成本建设项目,整体控制得体,显示了良好的全局控制能力。建筑造型简洁,富有现代气息和宜人尺度。工业车间内部工艺复杂,技术复杂性和难度较大,设计人员所付出的努力和取得的效果同样值得肯定。

技术指标

建设地点: 空港加工区

用地面积: 10.5hm²

建筑面积: 223 970m²

高度: 40m

设计时间: 2009 年 3 月

建成时间: 2010 年 12 月

设计人

建筑: 叶依谦　刘卫纲　鲁晟　是震辉　段伟　从振　徐俊鸥

结构: 李婷　张曼　黄忠杰

设备: 张杰　黄晓

电气: 汪猛　赵亦宁

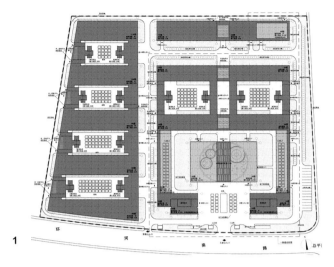

1 总平面图

中国天辰科技园天辰大厦

二等奖 / 总部办公

项目位于天津市北辰区柳滩地块内，是我公司首次完全自主完成平面设计和结构设计的超高层建筑，建筑高度为182.5m。

造型设计采用两个实体盒子与玻璃体块互相咬合，表皮为石材和玻璃幕墙，通过材质的对比、变化和细部构件的处理来达到简洁、精致的设计效果。建筑平立面、装修均以700mm×700mm为基本模数，控制严谨，建筑整体效果良好。

技术指标

建设地点：天津市北辰区京津公路西侧柳滩地块

用地面积：100 018hm^2

建筑面积：121 100m^2

高度：182.5m

设计时间：2010 年 12 月

建成时间：2011 年 11 月

合作设计单位：中国天辰工程有限公司

设计人

建筑：王明霞　解立婕　徐全胜　吴淑芝　高一涵　金霞　孟繁星

结构：高建民　孙鹏　陈林　池鑫

设备：张铁辉　林伟　杨扬　牛满坡

电气：孙成群　郭芳　郑波　王海量

经济：高洪明

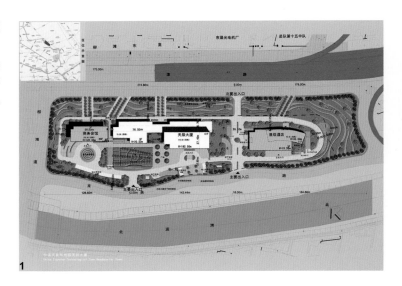

1

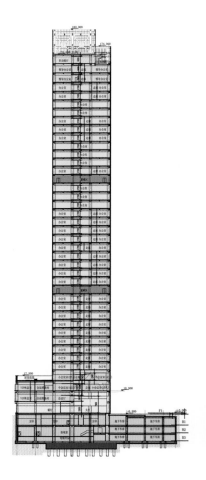

2

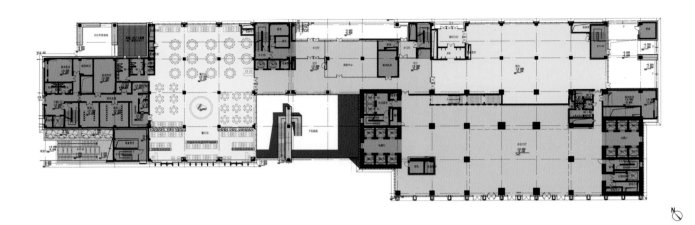

4

5

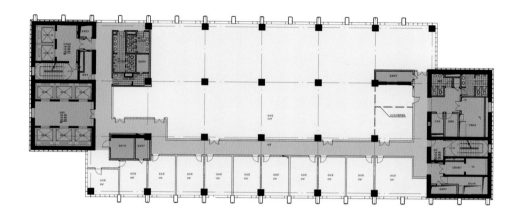

6

7

8

雪莲大厦二期

二等奖 / 商务办公

本项目为超高层办公楼，高度 147.8m，由美国 HOK 设计公司完成概念方案。

大厦位于三环与机场高速公路的连接处，和机场高速南侧的南银大厦南北呼应，从城市设计角度出发，注意与南银大厦保持了风格上的协调。在有限的用地内，通过优化设计，与一期之间保留出较宽敞的公共广场，有效整合、开发了室外环境资源。平面造型充分适应周边场地的限制条件，追求功能的高效性。建筑造型简洁，强调完整的体量感，外装以玻璃材质为主，细节处理严谨，对于近人尺度的刻画有良好把握。

技术指标

建设地点: 北京朝阳区三元桥

用地面积: 1.2hm²

建筑面积: 92 700m²

高度: 148m

设计时间: 2007 年 7 月 16 日

建成时间: 2009 年 8 月 11 日

合作设计单位: 约翰·马丁工程顾问（北京）有限公司

美国 HOK 设计公司

设计人

建筑: 张彤梅　林东利

结构: 徐斌　罗超英　阚敦莉　王雪生　杨蕾　刘力红

设备: 刘燕华　闫珺　刘鹏　赵永明　李隽

电气: 甘虹　景蜀北　吕楠　吴威

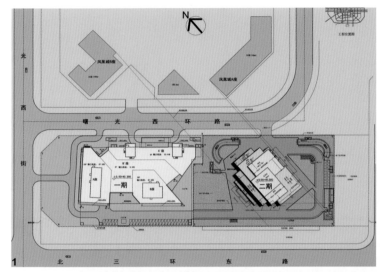

1

2

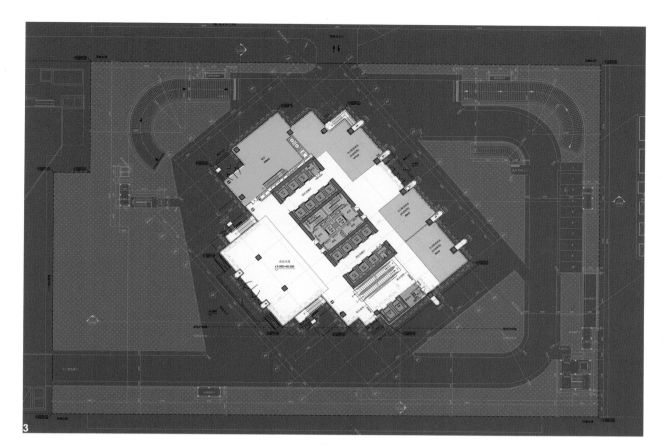

冀东油田勘探开发研究中心

二等奖 / 总部办公

本项目为总部科研、办公楼，建于唐山市城市主干道——新华道北侧。

造型简洁，采用了"竖线条"石材玻璃幕墙，强调建筑的竖向比例和材料组合的变化效果。建筑表现手法成熟严谨，体现了良好的控制能力和控制方法。

建筑内部在功能整合的同时，穿插了多样化的中庭设计，创造了富于开放性与多样性的办公空间，展示了新型办公模式。通过全专业的系统技术整合，有效控制室内空间形态与室内环境舒适度。采用钢桁架结构设计很好地响应了建筑空间格局的要求，通过模拟技术实现可控的自然通风、自然采光。与人工环境的有效结合，实现多项被动式生态节能设计。

采用设计总包模式，建筑、室内、景观均由项目组一体化设计完成，对建筑设计实现全方位控制，系统性地保证了整体建筑品质。独立完成的公共区室内精装修取得良好效果。

技术指标

建设地点: 唐山市

用地面积: 1.25hm²

建筑面积: 49 951m²

高度: 98m

设计时间: 2007 年 7 月

建成时间: 2011 年 8 月

设计人

建筑: 叶依谦　刘卫纲　陈震宇　从振　王爽

结构: 陈彬磊　管云　张勇　李志武　贺阳

设备: 张杰　祁峰

电气: 贾燕彤

经济: 蒋夏涛

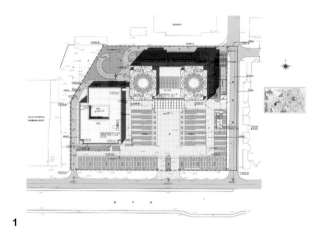

1

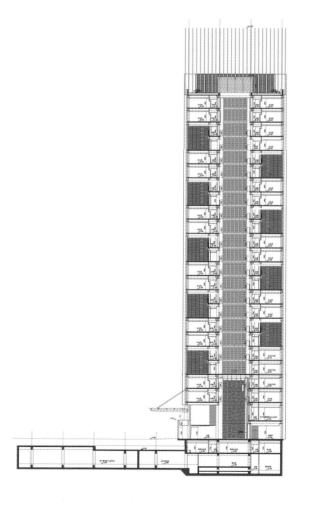

2

1　总平面图
2　剖面图
3　辅楼局部
4　主入口

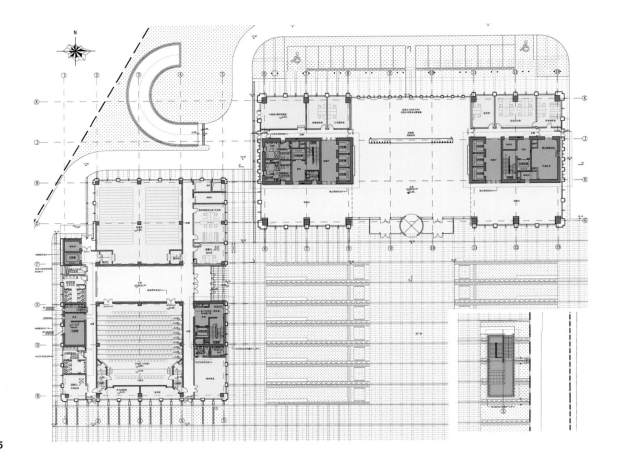

5

6

中国农业银行、英大国际办公楼

二等奖 / 金融办公、总部办公

项目位于长安街建国门内大街以南，东邻新闻大厦，西邻邮政枢纽，北侧对向全国妇联中心。

用地西北的于谦祠和西南古树需要退让，用地条件较为复杂，建筑设计有效地适应了这一特定环境的需求。从总体环境出发，与用地内古建筑于谦祠保持协调关系，这成为设计重要的出发点。

建筑布局采用一塔一板形式，塔楼与长安街沿线其他建筑取齐，板楼则退让于谦祠和古树，两楼之间以底层架空的连廊相连。

平面核心筒中置，办公使用面积最大化。西南角的退台既保护了古树，又丰富了建筑的造型，特定条件带来了一些特定的建筑表现手法和效果。立面采用建筑模数设计，控制得当。

技术指标

建设地点：北京朝阳区建国门内大街乙 18 号

用地面积：2.1hm²

建筑面积：124 950m²

高度：94m

设计时间：2006 年 8 月

建成时间：2008 年 12 月

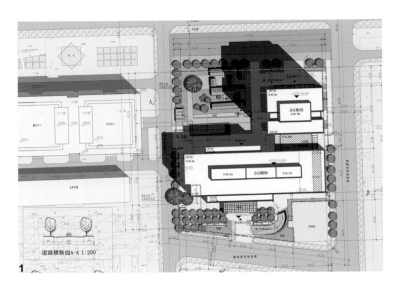

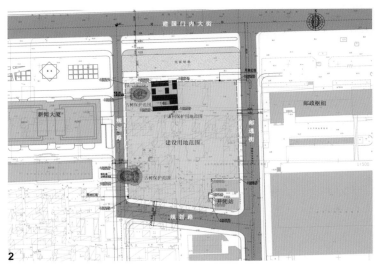

设计人

建筑：田心　李玲　侯冬临　齐峥　闫淑信

结构：李伟政　郑珍珍　刘容　叶彬　张学利

设备：张杰　李晓志　刘沛　刘双　赵金亮

电气：庄钧　张瑞松　陈莹

经济：宋金辉　张砚玲

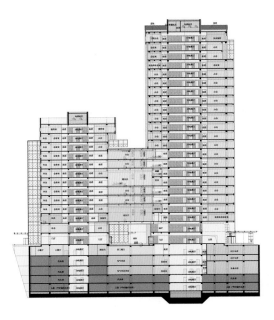

4

5

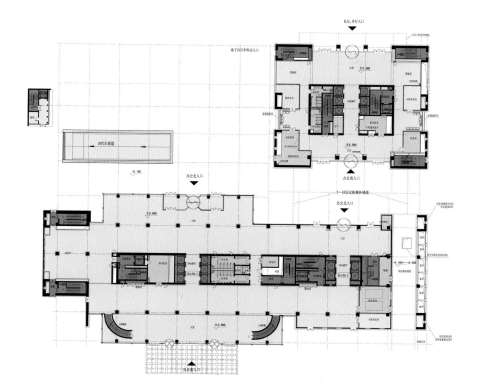

6

7

福建省公安科学技术中心

二等奖 / 政府办公

本项目是公安系统的专业化办公、技术实验类建筑。设计位于福州市公安厅大院内，对用地予以充分关注，注重与周边建筑环境的总体协调，用地内若干树木得到保留。建筑为方形体量，内部穿插"L"形中庭，将建筑体块自然划分为二，功能分区清晰，同时为各功能用房争取最大限度的自然采光、通风条件，配合计算机模拟技术，制定系统的绿色设计理念，以充分适应地域性气候要求。

建筑体量适中，保证了院内环境空间的完整性，采用石材和玻璃幕墙，在材质和色彩上与周边已有建筑有所协调。围绕内部线性庭院布局，营造丰富景观，建筑细部处理得当，建筑品质出色。

技术指标

建设地点: 福州市华林路 12 号院内

用地面积: 0.55hm²

建筑面积: 25 000m²

高度: 35m

设计时间: 2009 年 11 月

建成时间: 2011 年 12 月

合作设计单位: 福建省建筑轻纺设计院

设计人

建筑: 刘杰　张浩　徐全胜　侯凡　刘心悦　吴迪

结构: 王国庆　刘锋

设备: 张弘　宋学蔚

电气: 孙成群　安兴梅

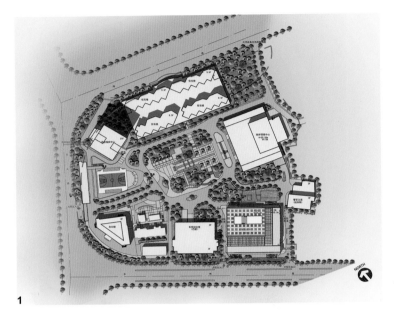

1

2

3

办公区

技术用房和实验室

4

5

中共中央国家机关工委及法制办办公楼

二等奖 / 政府办公

项目位于西二环内平安大道北侧，赵登禹路以东，为机关工委和法制办两家单位共用的办公楼。

各自办公楼在地块上分区明确，仅地下连通。工委楼靠近平安大道呈"L"形布局，法制楼在北侧成口字形布局，北侧有两次退台，以减小日照影响。在相对局促的用地条件下，两楼各自围合成内部庭园和半开放式庭院，营造人性化建筑环境。

建筑在城市设计角度注意了城市旧有肌理的保护与延续，以灰色为主基调，使整体色彩与周围环境相谐调，同时尽可能减小建筑体量，保持适宜尺度。在立面处理上以铝板、玻璃、百页形成的黑白灰关系表现出不同虚实、质感的变化，强调整体的协调和局部细节的设计感，整体适度。

技术指标

建设地点：北京市西城区平安大街与赵登禹路路口西北角

用地面积：1.2hm^2

建筑面积：39 376m^2

高度：36m

设计时间：2009 年 6 月

建成时间：2011 年 6 月

设计人

建筑：谢强　吴剑利　高丹　孙宝亮

结构：王立新　葛华

设备：王力刚　章宇峰　马月红　魏广艳

电气：张瑞松　陈莹　张争

1　报告厅一角
2　总平面图
3　首层平面图
4　全景

1

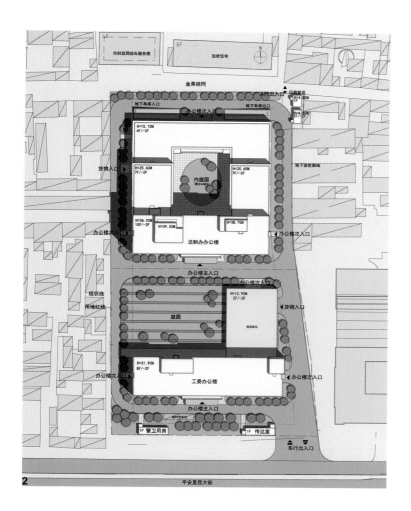

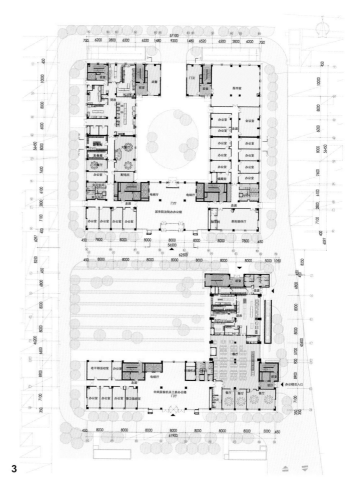

全国工商联办公楼暨苏宁总部

二等奖 / 政府办公、总部办公

本项目是国家级重要团体办公楼,位于北京西城区西直门内,北临北二环德胜门西大街。

标准层为"工"字形布置,以减小空间进深过大,争取更大自然采光和通风。内部流线合理、技术运用得当。以 600mm×600mm 为模数整合控制各系统设计。建筑在上层向外出挑,突出退线,以争取更多的办公空间。在造型上形成"斗"的独特造型,成为沿街焦点。

技术指标

建设地点: 北京市西城区西直门内桃园二期危改小区 H 区 H2 地块

用地面积: 9 158hm²

建筑面积: 48 633m²

高度: 39m

设计时间: 2010 年 4 月

建成时间: 2011 年 4 月

设计人

建筑: 王亦知　王明霞　徐全胜　虞朋　岳光　王靖

结构: 高建民　池鑫　刘莅川　齐微　肖杰

设备: 王威　刘志强　徐广义　董相立

电气: 张蔚红　李海瀛　康凯　郭鹏亮

经济: 高洪明

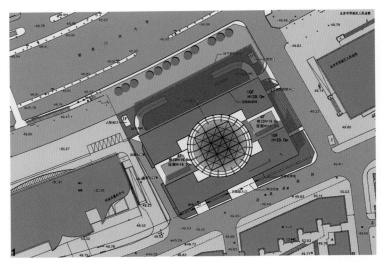

1

2

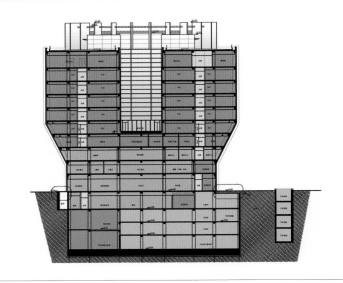

3

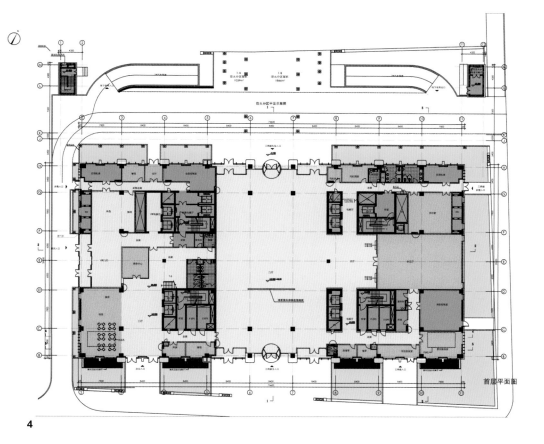

1 总平面图
2 门厅
3 剖面图
4 一层平面图
5 东南侧

海南省人民医院

二等奖 / 医疗

本项目为综合性医疗建筑，1 200 多张住院病床，近四十个科室。台湾许常吉建筑师事务所完成方案设计。

建筑内部功能复杂，在原方案的基础上做了大量调整和技术深化，较好解决了内部流程设计的各个技术环节，设施配置合理、完善。建筑整体效果良好，获得当地较高评价。

1　区位总平面图
2　首层平面图
3　手术室
4　大厅
5　东北立面

技术指标

建设地点: 海南省海口市秀英区 19 号海南省人民医院院内

建筑面积: 77 358m²

高度: 89.60m

设计时间: 2005 年 6 月

建成时间: 2010 年 12 月

合作设计单位: 台湾许常吉建筑师事务所

　　　　　　　圣帝国际建筑工程设计有限公司

设计人

建筑: 董康　李诗云

结构: 周笋　张世碧　齐五辉

设备: 张翠芬

电气: 骆平　许卫华

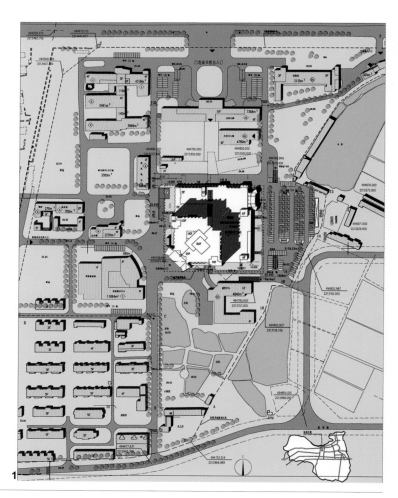

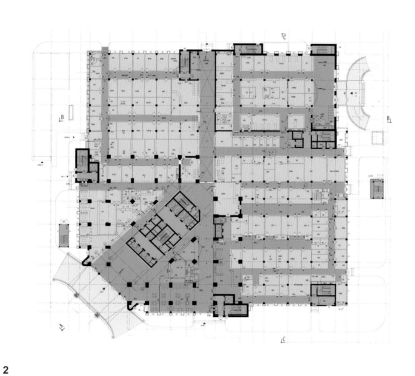

2

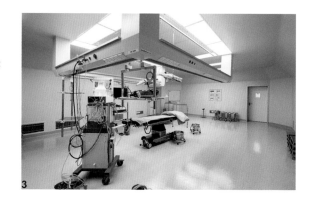

3

4

5

援毛里塔尼亚友谊医院

二等奖 / 医疗

本项目为小型医疗建筑，建于毛里塔尼亚首府城市，为热带沙漠性气候，北接撒哈拉沙漠，经常有风沙天气，城区植被很少。建筑规模较小，但科室配备较全，配套要求较多，同时需满足当地宗教、风俗习惯。

建筑呈矩形布置，中心对称的内庭院式布局。开敞连廊、露天庭院可通风、挡沙、遮阳，具有一定的气候适宜性。建筑适度引用地域性建筑元素，层次丰富，尺度宜人。在低造价条件下，通过对自然、人文环境以及传统建筑文化的研究，对低技术、地域性建筑的创作作了有益尝试。

技术指标

建设地点：毛里塔尼亚首都 努瓦克肖特

用地面积：1.2hm²

建筑面积：7 410m²

高度：10m

设计时间：2009 年 4 月

建成时间：2010 年 10 月

设计人

建筑：徐游　周力大　王伦天

结构：龙亦兵　常青　李从

设备：沈铮　徐婷婷　于楠

电气：罗洁　段宏博　马晶

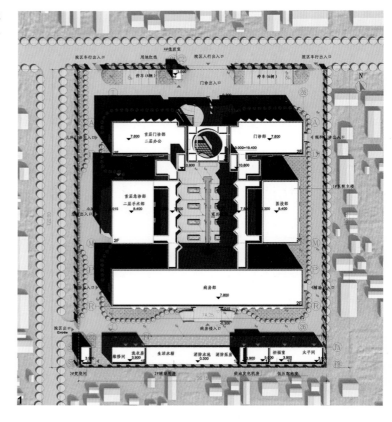

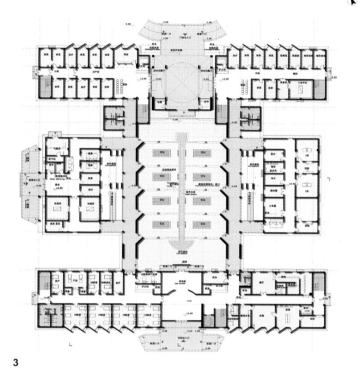

3

1 总平面图
2 鸟瞰效果图
3 首层平面图
4 建筑内庭院
5 建筑北侧

5

无锡古运河历史片区复兴规划与试点实践

一等奖 / 城市规划

无锡是京杭大运河唯一穿城而过的城市。运河人家鳞次栉比,寺、塔、河、街、桥、窑、坊众多景观组成特色环境,被称为古运河"精华中的精华"。作为大运河申遗重要组成部分,大运河文化、吴文化和无锡工商业发展史的重要载体,城市规划设计正确处理保护、改造、更新的关系。

为保护、维护并延续历史文化街区风貌、激发街区生存发展活力,开展复兴保护研究,为街区保护与整治提供技术依据。本规划与实践的目的,是实现具有古运河水乡街巷传统风貌和历史文化特点的文化博览、旅游休闲、商业服务、生活居住综合功能区。

在实践中,注重保护街区历史原物的真实性和整体性原则,保护街区内现存的街巷空间格局、河道水系、文物古迹、历史建筑和历史环境要素等物质文化遗存,以及传统文化、民间工艺、地方习俗等非物质文化遗产。空间环境整治以减法为主,清除违章搭建和不协调建筑,适当恢复历史建筑、院落的风貌。

技术指标

规划面积: 50.89hm²

历史文化街区总面积: 18.78hm²

合作设计单位:清华大学建筑学院

设计人

建筑:吴晨　苏晨　梁海龙　王骅　刘力萌　郑天　李乃昕　宋超
　　　陈剑川　李婧

结构:张向勇

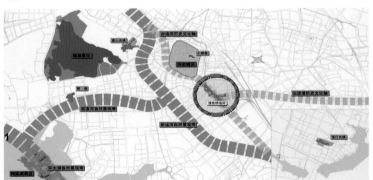

1 区位图
2 窑群遗址博物馆夜景
3 街巷保护改造分析图
4 水码头
5 南长街夜景
6 河两侧夜景

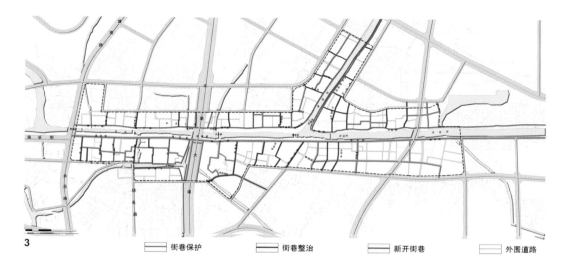

3

街巷保护   街巷整治   新开街巷   外围道路

7

8

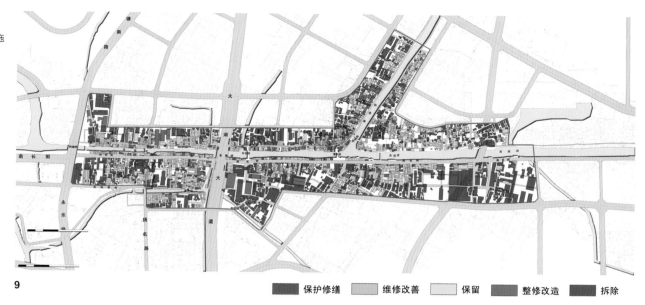

9

保护修缮　维修改善　保留　整修改造　拆除

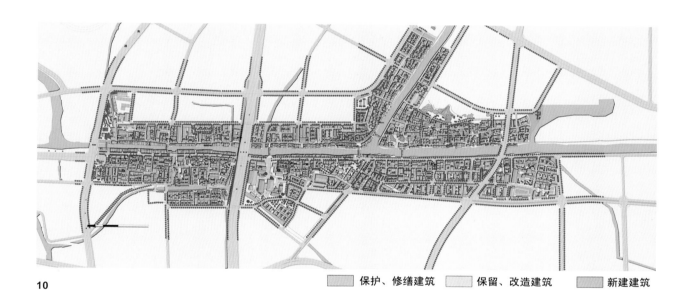

10

保护、修缮建筑　保留、改造建筑　新建建筑

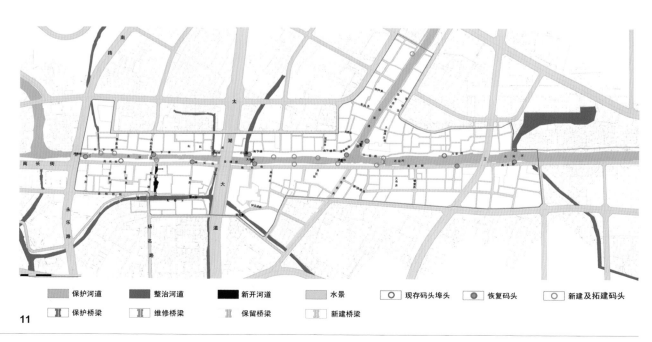

11

保护河道　整治河道　新开河道　水景　现存码头埠头　恢复码头　新建及拓建码头

保护桥梁　维修桥梁　保留桥梁　新建桥梁

西安唐大明宫国家遗址公园——御道广场

一等奖 / 城市设计

1　西安唐大明宫国家遗
　　址公园总平面图
2　鸟瞰图
3　御道广场总平面图
4　细部

唐长安城皇家建筑大明宫遗址是世界重大遗址保护工程，面积 3.5km²，原址为一处逐渐形成的城郊结合部的棚户区。通过改造并依托遗址区更新地区城市环境，拆除占压，使遗址从不断遭到蚕食破坏的状况下得到了保护，同时改善道北 10 万民众生活条件。遗址目前几无发掘，分为三区，自南而北延中轴线分别为：殿前区、宫殿区、宫苑区，开创了我国宫殿建筑"前殿后寝"格局之先河。

18hm² 的御道广场即为殿前区。设计核心目的是遗址保护，用当代技术材料手段，将这些有着内在冲突的多重需求予以妥善解决，将千年积淀的历史文明与未来连接在一起。界面成为设计的思考原点和创意。

保护界面：纯平广场为基本理念，强调纯粹平整。以 210m 开阔宏大气势与历史记载环境特质一致。广场架在原地面之上对唐土遗址层形成保护并具有可逆性。保护土层之上设置隔水层，有组织排除雨水消除对下层土壤的影响。处理加固的土体具有隔水性、承载力。场地分若干汇水区域。土色露骨料透水混凝土面层。面层与隔水层中间配碎石间层，具有支撑结构作用，且水在其间自由流动。

城市和文化界面：呈现古典元素的城市家具作为机械装置，具有为广场公共生活服务的作用。应用反射照明技术、电子程序模拟出广场任意位置的照度分布情况，液压起降臂完成照明系统的升降。

生活和娱乐界面：现代城市广场，满足公众生活多样性需求。广场中央 LED 地灯入夜后随音乐闪动如天上繁星。

技术指标

建设地点：西安市大明宫国家遗址公园

设计时间：2009 年 10 月

建成时间：2010 年 10 月

合作设计单位：陕西省古建设计研究所

设计人

建筑：朱小地　汪大炜　樊则森　郭沐周　高晓明　刘坤

景观：张果　刘玉　张磊

结构：马涛

设备：王颖　郑克白

电气：陈静

经济：刘国

灯光设计：郑见伟

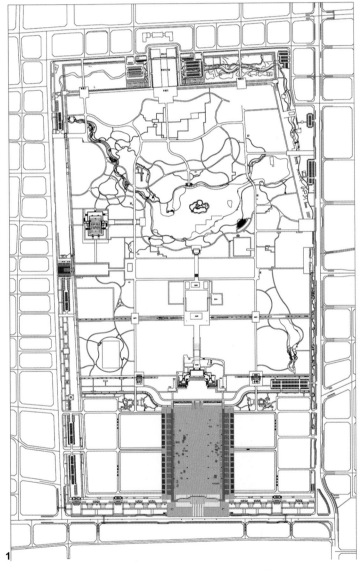

1

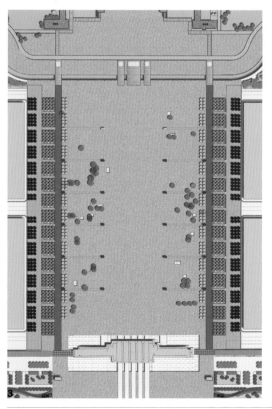

5 含元殿东侧
6 实景
7 上朝路实景
8 公共活动

163

西安唐大明宫国家遗址公园——总体景观

专项奖 / 景观设计

本项目是关联文物保护、规划、建筑、景观及市政道路综合的复杂的系统工程。

设计原则：以突出遗址保护为定位，进行考古、保护、展示及建设，再现唐大明宫的规模和整体格局。处理好遗产保护与利用的关系，遗址保护、考古探索、文化展示、城市生活得以共融。

总体布局：着重历史格局的研究及其保护，依据考古成果规划建设。地表仅存少量夯土遗迹，大部分遗址埋于地下，不做复原性建设。宫殿区宽阔疏朗的轴线空间，两侧及宫苑区丰厚的绿化中渗透遗址展示片区，缓冲区融合市民生活休憩功能，形成"中轴通视、绿带环抱、收放皆宜"的景观空间。

竖向设计：保护遗址自然地形，修复破坏严重的地形。由于遗存多，地形不向下挖掘，太液池为清理垃圾而成。

文物保护与展示：覆土保护层之上的工程均为轻体可逆性结构。对于遗址实施避让、保护、标示和适当展示。通过地面遗迹保护性展示、地下遗址标示性展示、浅表层做可逆性游览系统与确无遗址区域的绿化相结合的方式，引导城市绿茵功能的适量融入。

绿化系统：无遗存区域适量乔灌木种植，遗址区域覆土植草展示避免对唐代土层扰动。苗木品种依据考古文献成果，复原唐代植物体系。

总体景观在空间处理、道路交通、场地设计、土方平衡、节水、雨水利用等方面为城市核心区的大遗址保护与利用提供了有益的实施经验。

技术指标

建设地点：西安唐大明宫唐国家遗址公园

用地面积：370hm^2

设计时间：2010 年 8 月

建成时间：2010 年 9 月

合作设计单位：陕西省古建设计研究所（陕西省文化遗产研究院）
　　　　　　　西安市水利建筑勘察设计院

设计人

建筑：朱小地　樊则森　徐聪艺　吕娟　邓志伟　孙勃

景观：刘辉　张果　白祖华　刘健　刘玉　耿芳　刘庚吉　孙洁琼　贾莹

结构：马敬友

设备：郑克白

电气：郑见伟　逄京

经济：刘国

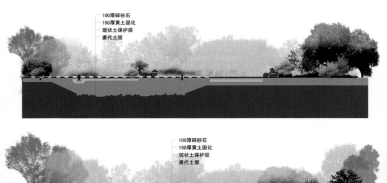

1

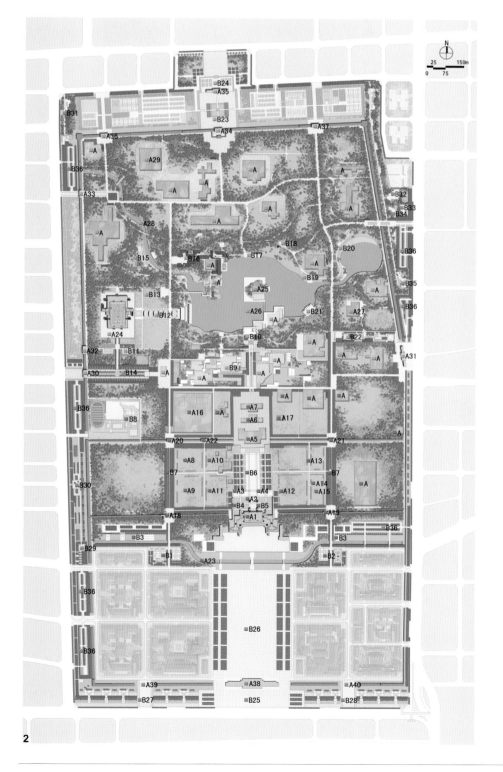

■ 宫殿区:
A遗址	A1含元殿
A4齐德门	A5宣政殿
A8亲王院	A9命妇院
A12门下省	A13弘文院
A16延英殿	A17望仙台
A20光顺门	A21崇明门
B1右金吾丈广场	B2左金吾丈广场
B5窑址博物馆	B6中轴广场

■ 宫苑区:
A遗址	A24麟德殿
A27清思殿	A28龙首渠
A31左银台门	A32翰林门
A35重玄门	A36青宵门
B9寝殿区	B10南岸观景平台
B13麟德殿博物馆	B14景观大道
B17北岸亲水广场	B18空中视廊
B21临水表演场	B22清思殿特色街区

■ 缓冲区:
A38丹凤门	A39建福门
B25丹凤门广场	B26御道广场
B29封泥印广场	B30花间休息广场
B33迷你高尔夫运动区	B34康体运动区

A2门屏	A3典礼门
A6紫宸门	A7紫宸殿
A10殿中省	A11中书省
A14少阳院	A15史馆
A18昭庆门	A19含耀门
A22延英门	A23护城河
B3护城河观景广场	B4含元殿展览馆
B7景观大道	B8铁三中

A25蓬莱亭	A26太液池
A29三清殿	A30右银台门
A33九仙门	A34玄武门
A37银汉门	
B11麟德殿南广场	B12麟德殿东广场
B15唐代植物展示区	B16北岸特色街区
B19木栈桥	B20湿地景观
B23玄武门广场	B24重玄门广场

A40望仙门	
B27建福门广场	B28望仙门广场
B31右三军广场	B32儿童娱乐广场
B35左三军广场	B36停车场

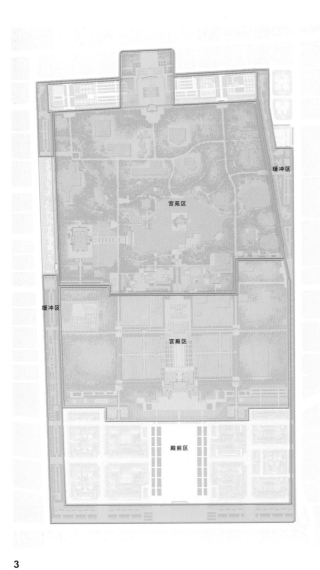

缓冲区
宫苑区
缓冲区
宫殿区
殿前区

殿前区
宫殿区
宫苑区
缓冲区

3

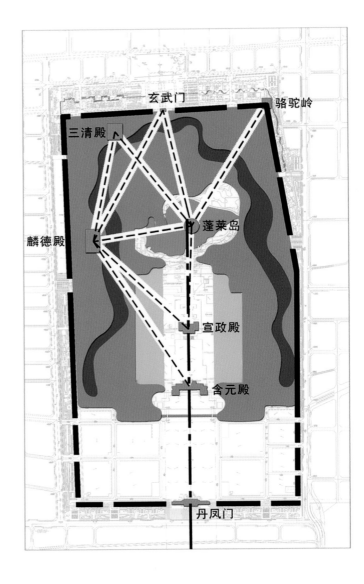

玄武门　　　　骆驼岭
三清殿
　　　　　　　蓬莱岛
麟德殿
　　　　　　宣政殿
　　　　　　含元殿
丹凤门

3　景观格局
4　遗址展示
5　麟德殿坡地
6　蓬莱岛
7　宫殿区轴线景观

8

银川华雁·香溪美地居住区规划

一等奖 / 居住区规划

项目用地依城市道路和已有天然景观水系被分为四个地块，实际建成的为中部北地块。

规划灵感来自树叶的叶脉——网络状叶脉使得叶子每个细胞都能汲取营养。以中央水系为中心，周边布置低层、多层、小高层和高层住宅，形成近、中、远景层次错落的空间，景观层次丰富。户户朝南，户户有景可看。利用挖土建造出坡地形。建筑围绕溪畔，错落有致。

在次入口附近设置滨水商业步行街。人车分流的环形交通系统，周边停车，中间是景观和步行系统。

技术指标

建设地点：银川市金凤区南部

用地面积：85hm²

建筑面积：1 348 469m²

高度：56m

设计时间：2009 年 12 月

建成时间：2011 年 11 月

设计人

建筑：刘晓钟　吴静　程浩　周皓　张建荣　王晨　钟晓彤　孙维
　　　姚溪　贾骏　王腾

结构：韩起勋　叶左群　谢晓栋　刘京

设备：吴宇红　梁江　赵永良

电气：王晖　张力

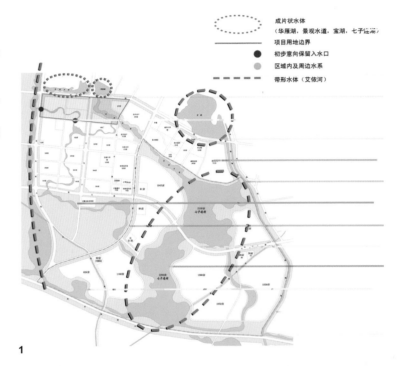

2

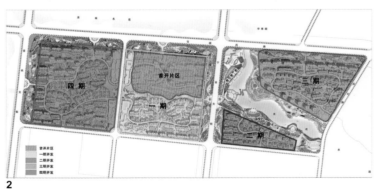

3

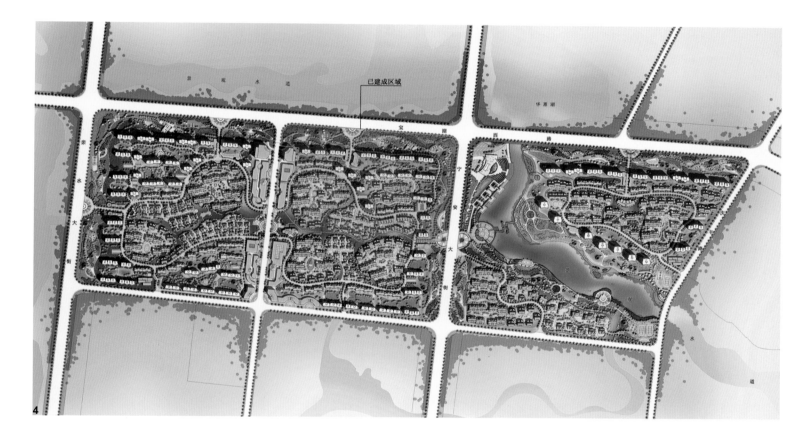

7

7　多层住宅区内实景
8　多层西南实景
9　多层住宅区内实景
10　多层局部实景
11　多层住宅区内实景

8

太原十二院城示范区一期

一等奖 / 多层住宅、高层住宅

1　总平面图
2　鸟瞰图
3　商业会所外景 1
4　商业会所外景 2

本项目建于太原市和平南路,包括高层住宅、多层住宅及商业会所,属于中高标准商品住宅区。

建筑从城市文脉出发,通过对场所原有肌理特征的梳理、保护与延续,以传统的里坊制规划模式为理念,从院落式格局为基调,形成对特定历史、人文环境的呼应。多层住宅、会所熟练运用绿地、树木、水景、坡道、下沉、跃层、小品、色彩、材质、光影等多种细腻的设计手法和技巧,配合建筑空间序列的表达,营造了兼具私密性与多样性的宜人院落空间,表现出对使用者及其生活品质的关注和准确把握。高层住宅采用跃层做法,户型多样,空间的丰富变化使建筑造型自然而独特,适度淡化了建筑沉重的体量感,代之以亲切的宜人尺度。

贯穿全局的对于个性化细节的关注和控制使建筑的设计含量和价值得以体现。

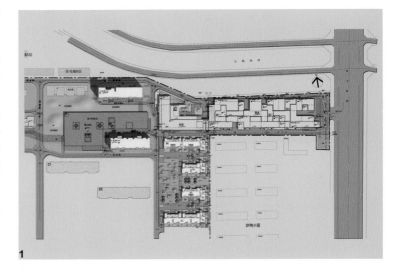

1

技术指标

建设地点: 太原市和平南路 139 号

用地面积: 33hm²

建筑面积: 83 400m²

高度: 100m

设计时间: 2009 年 9 月

建成时间: 2011 年 8 月

设计人

建筑: 王戈　陈威　林琳　盛辉　张镝鸣　王东亮　马天龙

结构: 王志刚　张京京　杨雷

设备: 王旭　王威　刘宇宁

电气: 任红　彭松龙

2

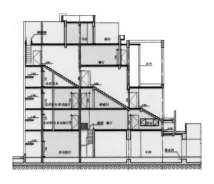

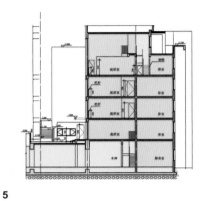

5

6

7

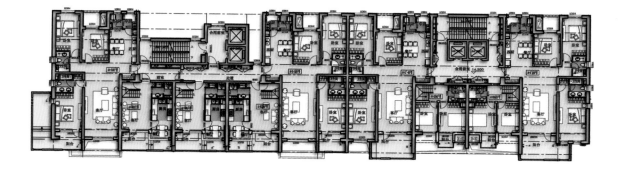

8

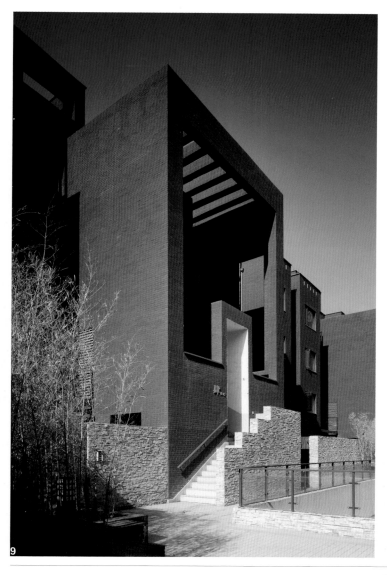

9

10

天津中新生态城一期（嘉铭红树湾）

一等奖 / 多层住宅

项目位于中新天津生态城南部片区。结构专业与天津大成合作。

注重城市设计的大前提，体现良好的规划思想。从城市设计入手，有效利用城市资源，同时丰富城市景观内容，实现共生共赢。中心景观带开通南北向的城市慢行步道，加强与城市景观带（生态谷）的联系，营造开放型社区；住宅高度排布为北高南低，充分利用生态谷的景观资源，兼顾生态谷的景观视野，丰富了城市的轮廓线，使小区的自然通风更加良好；注重城市节点设计，城市道路交角处建筑后退，让出街角公园，并在高度上适当降低，使得城市的道路交叉口部空间更加开阔。

户型功能紧凑，布局合理。立面造型多种风格并存，彼此间适当呼应（形式、材质、色彩），尺度适宜，景观环境丰富，建筑表达控制得当，具有一定的细节把握能力。

实现多项绿色节能的生态设计内容，如气送式垃圾站、智能电网入户、直饮水入户、车库光导照明、建筑一体化太阳能系统、景观用水及雨水收集等，并与建筑有较好的系统整合。

技术指标

建设地点：天津中新生态城南部片区 05-06-01-02 地块

用地面积：5.4hm²

建筑面积：132 800m²

高度：75m

设计时间：2010 年 2 月

建成时间：2011 年 12 月

合作设计单位：天津大成国际工程（设计）有限公司

设计人

建筑：樊则森　王炜　赵頔　杨帆　张晨肖　徐牧野　陈蓉子

结构：黄冰松　石永忠　都成

设备：王颖　滕志刚　李忠

电气：陈静　朱明硕　赵蕴　黄陵洁

1　小区整体外景
2　交通分析图

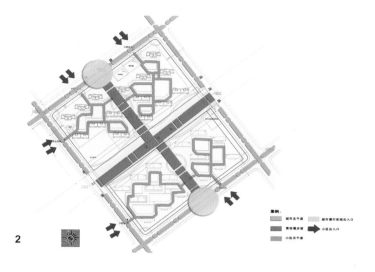

2

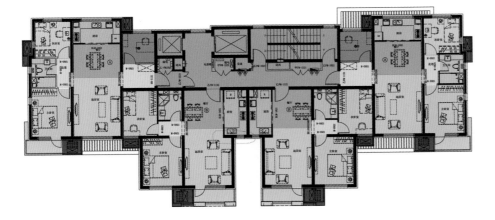

3

5

6

朝阳区东坝乡单店住宅小区二期（首开常青藤）

一等奖 / 多层住宅

小区以低层、小高层为主。与 BDCL 国际建筑设计有限公司进行方案合作。

规划注重实用性，配合地势地形，合理组织水系景观，构建空间布局。强调各组团的均好性，同时又赋予其富于变化的个性化特色。户型设计布局紧凑、规整，体形系数较小；单元以一梯两户的板式为主，户型强调采光和通风，户型内部分区明确。建筑环境优雅，尺度宜人，建筑立面新颖，变化多样，材料、色彩丰富而不失整体的协调统一。

技术指标

建设地点：北京朝阳区东坝乡单店

用地面积：15.6hm^2

建筑面积：111 600m^2

高度：29m

设计时间：2011 年 11 月

建成时间：2011 年 12 月

合作设计单位：BDCL 国际建筑设计有限公司

设计人

建筑：刘晓钟　吴静　王琦　周皓　金陵　陈晓悦　王健

结构：张国庆　张俏　张冉　张研　何鑫　丁淼　肖军磊

设备：吴宇红　袁煌　顾沁涛　孙江红

电气：王晖　向怡

1

2

3

次卧室
13.43

卧室
9.62

卫生间
7.50

更衣间
5.93

卧室
17.52

4.53

卫生间
4.75

洗衣间
1.62

阳台
3.16

厨房
7.20

起居室+餐厅
36.41　D-1-3

玄关
5.14

储藏间
2.03

次卧室
13.36

阳台
2.43

阳台
3.25

厨房
7.20

玄关
5.14

储藏间
2.03

起居室+餐厅
35.77　B-1-3反

阳台
2.21

4.02

洗衣间
1.56

1.91

卫生间
4.48

衣帽间
3.71

次卧室
11.89

卧室
16.92

4

5

万科中粮假日风景（万恒家园二期）D 地块 D1、D8 工业化住宅

本项目为北京市住宅产业化示范工程，吸收国外成熟技术，与国内建筑构件厂相结合共同开发预制装配剪力墙结构体系。预制外墙保温层和外装饰与墙体一起在工厂预制完成，室内全装修，达到绿色建筑设计二星标准。

预制化率提高到 50%；预制外墙板实现南北整面外墙预制，增加飘窗预制；结合门窗、防水、保温、装饰等形成完整的一体化外墙；预制金属空调格栅和阳台栏杆等部品。预制混凝土浇筑浮雕状阳台挂板构件，与金属"回字纹"装饰板共塑细部丰富的立面；预制外墙板参与抗震计算；预制构件类型考虑模数协调设计，符合"少规格、多组合"原则，减少模板数量和种类；新增集中太阳能供生活热水入户系统；清水混凝土外饰面，光洁表面、精确尺寸、可塑造型。

精装修的配置标准及设计配合。整体厨房、卫生间及关键厨房电器、卫浴设备统一配置；家庭收纳系统的统一配置；固定家具工厂预制，提升品质并减少现场作业和污染；地板和门等大宗精装部品的统一配置和装配化施工；配合精装水电设备点位一次预留到位，结构在预制构件图中预留预埋。

技术指标

建设地点：北京丰台区卢沟桥乡

用地面积：4.5hm²

建筑面积：32 504m²

高度：45m

设计时间：2010 年 3 月

建成时间：2011 年 11 月

设计人

建筑：杜佩韦　樊则森　杜娟

结构：陈彤　马涛　郭惠琴

设备：王颖　石卉

电气：陈静　蒋楠　赵蕴

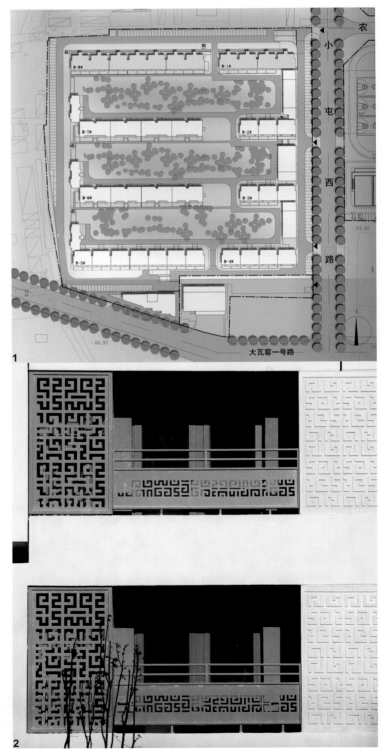

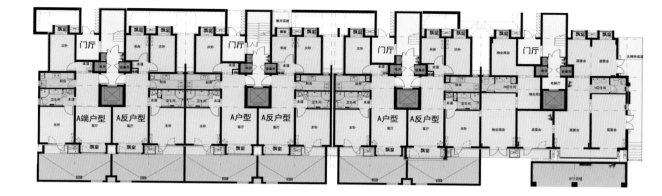

3

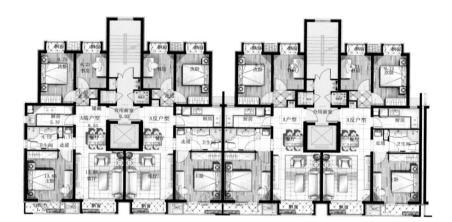

4

1 区位图、总平面图
2 预制阳台细部
3 首层平面图
4 单元详图
5 首层南立面细部
6 外景

5

6

西北旺新村三期南（西山一号院）

二等奖 / 多层住宅

项目为高档住宅，与缔博建筑咨询（上海）有限公司进行方案合作。

建筑布局以"大院情结"为主线，意图打造"西郊大院"规制，是住宅设计公建化表达的一种尝试。住宅按照南北向分行布局，分独栋式和单元式两种典型户型。独栋式为平层观山大户型住宅；单元式住宅为一梯一户和一梯两户单元组合式住宅。户型按照边单元、中间单元两种布局形式，结合不同户型面积形成标准模块化设计，实现了大面宽、浅进深，功能分区明确，结构严整。

外装干挂石材幕墙，住宅内部精装修，建筑设计、室内设计及景观设计一体化设计完成，注重细节，处理到位，体现良好的设计控制能力。

技术指标

建设地点：北京市海淀区西北旺乡

用地面积：48hm²

建筑面积：400 577m²

高度：30m

设计时间：2010 年 4 月

建成时间：2011 年 9 月

合作设计单位：缔博建筑咨询（上海）有限公司北京分公司

设计人

建筑：吴凡　王蔚　范宁　熊轶文　张潇潇　陈竹

结构：靳海卿　石异　常虹　耿伟

设备：张杰　陈宇　芮蕊　昌成波

电气：贾燕彤　陈德悦　马迪　孔景琪

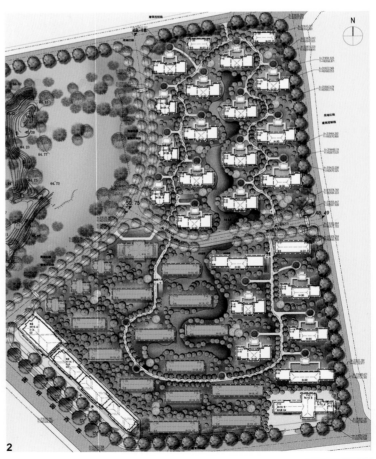

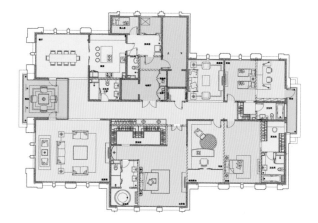

3

4

5

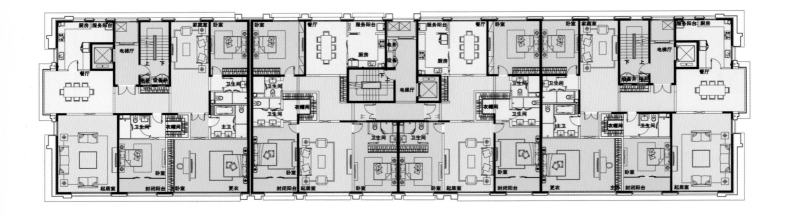

6

7

大兴区黄村新城北区 16 号地东区（金地仰山）

小区以 4～7 层多层住宅为主，局部小高层。规划形态传承了北京城的院落空间，运用传承文化的造城原理，产生了一种秩序感。建筑体量丰富，风格优雅，语言纯粹，打造纯自然的人居环境目的，体块的错落也形成了丰富的立面肌理。利用通透型的庭院设计，在满足了私密的户外空间需要的同时，又自然地衔接公共的道路绿化、集中绿地，使得个体、邻里、社区之间层次关系融洽。

技术指标

建设地点：北京市大兴区黄村镇金星路北侧

用地面积：6.2hm^2

建筑面积：138 564m^2

高度：30m

设计时间：2010 年 5 月

建成时间：2011 年 6 月

合作设计单位：上海日清建筑设计有限公司

设计人

建筑：王云　侯芳　马宁　李世超　刘竺　王哲　徐游

结构：肖传昕　梁丛中　张爱国

设备：沈铮　王凤站　李肸婷　徐婷婷　于楠

电气：罗洁　陈校　马晶　张勇　孙妍

1

1 住宅南入口
2 总平面图
3 十三号楼西南透视

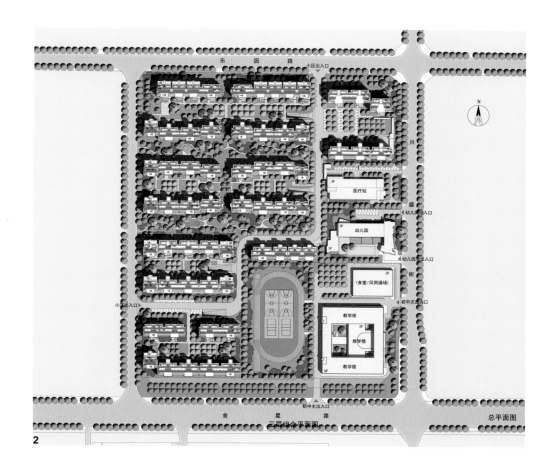

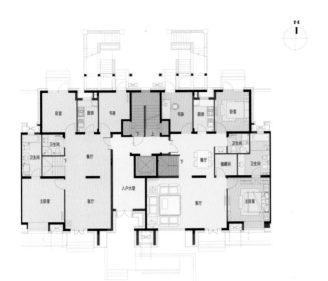

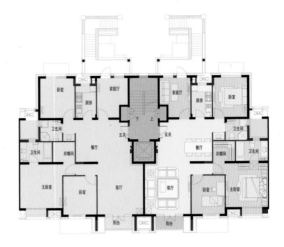

4

5

水岸府邸东区 1、2 号楼

二等奖 / 高层住宅

1 总平面图
2 南立面局部
3 外景

本项目建于山东省胶州市，规划以中央广场景观为核心，构成小区的东西向轴线，绿化及景观节点随之展开。考虑到与周围建筑以及城市节点的关系，建筑整体偏向北侧，南侧留出了城市广场。东侧布置步行入口，机动车入口布置西侧和北侧。地面全步行系统为居民创造了安全、舒适的外部环境。

每栋 3 个单元，每单元一梯两户，以 130m² 的三居户型为主，17、18 层为跃层户型。首层 1 号楼为南入口，2 号楼为北入口。住宅户型平面规整，具有大面宽、小进深、南北通透的特点。

建筑造型强调整体性，并有适当的变化，设计控制较为严谨。

技术指标

建设地点：胶州市北京路南、温州路西

用地面积：1.7hm²

建筑面积：39 600m²

高度：57m

设计时间：2008 年 7 月

建成时间：2011 年 5 月

设计人

建筑：崔锴　闫淑英　郭文辉

结构：齐欣　姚远

设备：王旭　杨东哲　王威

电气：温燕波　姜青海

3

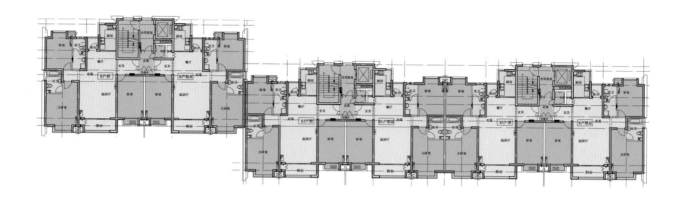

5

顺义区站前西街居住区 A 区（红杉一品）

二等奖 / 高层住宅

本项目为中小户型中低档住宅区，包含有 10 万 m² 的限价房，针对不同使用对象和使用要求提供个性化服务。利用现有条件，本着技术优先、功能和效率优先的思想，根据人性化特点进行规划，创造出宜居生活环境空间和建筑空间，以利于识别性与认同感的形成。限价房以 75m² 的两居为主，商品房为 70m² ~ 130m²。商品房主力户型均做到南北通透、全明厨明卫。三居室做到三开间朝南，独立餐厅。

户型平面设计推敲仔细，户内空间规整有序，使用率较高。立面处理适度，细节控制好，相关专业技术整合周全到位，有力保证了建筑最终的实施效果。

技术指标

建设地点：北京市顺义区站前西街南侧（原北京橡胶二厂）

用地面积：9hm²

建筑面积：176 683m²

高度：52m

设计时间：2009 年 12 月

建成时间：2011 年 7 月

设计人

建筑：林卫　侯新元　张燕丽　赵丹　王云舒

结构：孙传波

设备：刘均　俞振乾　张辉　王芳　张磊　董蕾　高芮

电气：赵小文　时羽

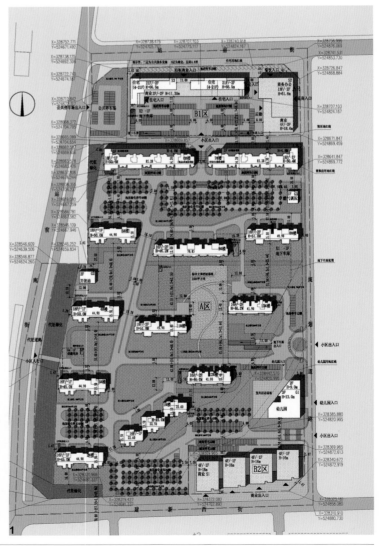

沈阳世茂五里河项目一期住宅 1～3 号楼

二等奖 / 高层住宅

本项目为超高层住宅项目，位于沈阳市和平区，原址为五里河体育场。

居住建筑位于用地西南侧，由 12 幢超高层住宅和会所组成，环绕在中心绿地周边，远离交通主干线，减少噪声干扰。在满足当地日照要求的前提下合理排布，形成错落有致的空间构成。本次申报的单体为其中的 3 栋。

每幢住宅由两个单元拼接而成。所有户型均有两个以上的房间朝南。每单元入口设两层通高大堂。户型设计格局方正，住宅平面有效使用率高。

项目在超高层住宅建设领域进行了探索，在建筑、结构技术整合方面取得了宝贵实践经验，在严寒地区保温节能措施上利用大模内置外墙外保温有网体系取得技术进步。

技术指标

建设地点：沈阳市和平区

用地面积：11.4hm²

建筑面积：134 769m²

高度：178m

设计时间：2008 年 7 月

建成时间：2010 年 9 月

设计人

建筑：潘伟　徐昊　徐进　司彬彬　龚明杰　陈妤

结构：肖青　王浩　于楠　吕昂　成世峰

设备：吴宇红　梁江　侯宇

电气：王晖　肖旖旎

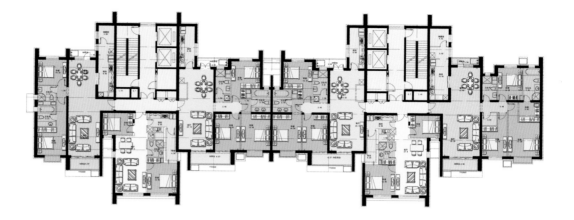

3

4

石景山融景城一二期

二等奖 / 高层住宅

规划总体布局为半围合路网结构,分区布置经济适用房和商品房,其间具有良好的衔接和过渡。短板错落式的住宅布局,增加了景观相互渗透,改善端单元户型的采光通风。小区中央形成大片实土中心绿化。

车辆出入口临近车库出口,减少车辆进入小区内部。地上、半地下、地下三层停车方式减少了停车场占地,节约建造成本和运行费用,形成了缓坡立体绿化。

采用了卫生间同层排水、雨水排放 HDPE 雨水管、无负压给水装置等新技术。

技术指标

建设地点: 北京市石景山区衙门口

用地面积: 13.8hm²

建筑面积: 280 000m²

高度: 80m

设计时间: 2010 年 5 月

建成时间: 2010 年 12 月

设计人

建筑: 孙石村　赵珊　石华　林楠　王鹏　刘洋洋

结构: 王浩　成世峰　吕昂　张连河

设备: 吴宇红　梁江　刘立芳

电气: 肖旖旎　向怡

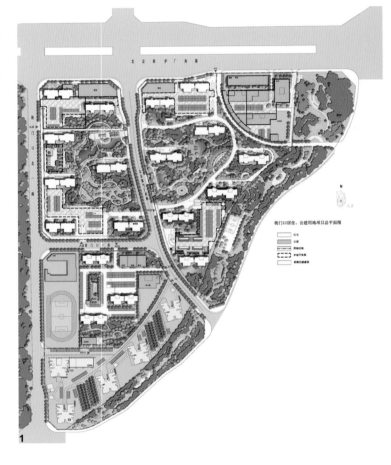

4

5

6

限于篇幅等原因，以下获奖项目未编入本书：

- 北京协和医院干部医疗保健基地
- 北京大学微电子科技大厦
- 三义庙综合楼
- 援马拉维议会大厦
- 北京建筑工程学院大兴新校区1～5号宿舍楼
- 紫檀万豪行政公寓（中国紫檀艺术国际交流中心）
- 金宝汇（金宝街六号地商业与影城）
- 解放军第二炮兵军械雷达修理所——总装、电子装备车间及机械加工库
- 中国地质大学（北京）综合游泳馆
- 通州区嘉州阳光苑（DBC）C区

图书在版编目（CIP）数据

BIAD 优秀工程设计 2012 / 北京市建筑设计研究院
有限公司主编 . — 北京 : 中国建筑工业出版社 , 2013.12
ISBN 978-7-112-16141-6

Ⅰ . ① B… Ⅱ . ①北… Ⅲ . ①建筑设计 – 作品集 – 中
国 – 现代 Ⅳ . ① TU206

中国版本图书馆 CIP 数据核字（2013）第 283928 号

责任编辑：徐　冉　徐晓飞
责任校对：刘梦然　党　蕾

BIAD 优秀工程设计 2012
北京市建筑设计研究院有限公司　主编
*
中国建筑工业出版社出版、发行（北京西郊百万庄）
各地新华书店、建筑书店经销
北京雅昌彩色印刷有限公司制版
北京雅昌彩色印刷有限公司印刷
*
开本：965×1270 毫米　1/16　印张：13　字数：400 千字
2013 年 12 月第一版　2013 年 12 月第一次印刷
定价：128.00 元
ISBN 978-7-112-16141-6
　　　（24902）